Mitteilungen der
Österreichischen Mineralogischen Gesellschaft
Nr. 112

Festausgabe

zum 50jährigen Bestand der Wiener (seit 1946 Österreichischen) Mineralogischen Gesellschaft

(Gastein-Heft)

Mit 38 Textabbildungen

Springer-Verlag Wien GmbH 1951

Tschermaks mineralogische und petrographische Mitteilungen,
Dritte Folge, Band II, Heft 3, S. 257—387

Sonderausgabe

Gedruckt mit Unterstützung
des Notringes der wissenschaftlichen Verbände Österreichs

ISBN 978-3-662-23702-1   ISBN 978-3-662-25791-3 (eBook)
DOI 10.1007/978-3-662-25791-3

Inhaltsverzeichnis

Die Mineralogie in Österreich und die Mineralogische Gesellschaft in Wien.

Von

H. Michel, Wien.

In der gründenden Versammlung der Wiener Mineralogischen Gesellschaft (seit 1946 Österreichische Mineralogische Gesellschaft), betonte der damalige Vorsitzende, *G. Tschermak,* der Boden sei für diese Gründung in Österreich gut vorbereitet gewesen. Und in der Tat haben die Menschen, die das Gebiet des alten Österreich bewohnten, seit den ältesten Zeiten schon hohe praktische Kenntnisse in der Mineralogie und Gesteinskunde besessen, was aus der guten Auswahl des Steinmateriales schon durch den Menschen des Paläolithikums hervorgeht. Der Mensch des Neolithikums begnügte sich nicht mehr damit, sein Arbeitsmaterial den Schottermassen der Flüsse zu entnehmen, er baute z. B. in Mauer bei Wien bereits im Stollenbau geeignetes Hornsteinmaterial für seine Artefakte ab und bewies damit bereits bergmännische Fähigkeiten. Die Verwertung der Erze zur Gewinnung von Metallen und Legierungen für die Werkzeuge und Schmuckobjekte der Kupfer-, Bronze- und Eisenzeit setzte schon eingehendere Kenntnisse voraus, ebenso der Abbau der alpinen Salzlagerstätten, so daß sich durch viele Jahrtausende im Wege der Überlieferung ein umfangreicher Schatz von Wissen um Steine und Erze und sonstige verwertbare Materialien ansammeln mußte, von dem uns die wertvollen vor- und frühgeschichtlichen Funde Zeugnis geben. In den unruhigen Zeiten der Völkerwanderung ging wohl viel von diesem Wissen verloren, aber schon vor dem Jahre 1000 blühten bereits wieder Bergbaue in den Alpen, in Böhmen und Ungarn. Während des ganzen Mittelalters vermehrten sich die Kenntnisse und Erfahrungen so, daß auf österreichischem Boden Gelehrte, wie *Paracelsus* oder *Agricola* ihr Wissen vertiefen konnten und jene Ideen gewannen, welche durch Jahrhunderte für den Bergbau, die Chemie, die Heilkunde und auch für die eigentliche Mineralogie grundlegend sein sollten. *Georg Agricola* lebte wohl in den Jahren

1527 bis 1533 als Stadtarzt in Joachimsthal, gewann aber auf Grund seiner umfassenden allgemeinen Bildung so tiefe Einblicke in den Bergwerksbetrieb, daß er seine berühmt gewordenen Bücher „Bermannus" und „De re metallica" schreiben konnte, in denen das gesamte Wissen seiner Zeit zusammengefaßt und um solche Ausblicke erweitert wurde, daß diese Bücher für Jahrhunderte Geltung besaßen. Insbesondere hatte *Agricola* die Entartungen erkannt, welche aus den Bergwerkswissenschaften zu den mystischen alchymistischen Vorstellungen hinüberführten, und sich von diesen falschen Ideen nicht beeinflussen lassen. Beraten war *Agricola* in Joachimsthal von dem Hüttenschreiber *Lorenz Bermann,* dessen Name in dem Buche „Bermannus" verewigt ist. Den Zweck seiner Schriften hatte *Agricola* darin erblickt, „die Jugend zur Erforschung der Natur anzuspornen. Leidenschaftlich und mit ganzer Seele habe er sich dem Studium der Natur gewidmet und die Wissenschaft habe er höher gestellt als Reichtum, Glücksgüter und Ehrenstellen". In diesem Geiste haben seine Schriften auch gewirkt.

Auch *Paracelsus* hatte auf seinen ausgedehnten Reisen längere Zeit in Österreich Aufenthalt genommen, tiefe Einblicke in das Wesen der Scheidekunst und der gesamten Bergwerkswissenschaften gewonnen und seine Kenntnisse in der Mineralchemie für die Heilkunde dienstbar gemacht.

Bis zu den Tagen *Gottlob Abraham Werners* und seiner Zeitgenossen war das wissenschaftliche Denken von den Gedankengängen *Agricolas* beeinflußt.

In den „Kunst- und Wunderkammern" wurden die wertvollen Belegstücke gesammelt, die in den österreichischen Bergwerken anfielen und so verfügen wir heute noch über alte Stufen, die aus der Ambraser Sammlung des Erzherzogs Ferdinand von Tirol oder aus den Sammlungen Kaiser Rudolfs II. stammen, an dessen Hofe in Prag als Leibarzt *Boetius de Boodt* wirkte, der durch sein Buch „Gemmarum et lapidarum historiae" bekannt geworden ist, in welchem er Nachrichten über böhmische Edelsteine gibt. Ebenso sammelten die adeligen Häuser in den Ländern Österreichs sowie die Stifte im Rahmen allgemeiner naturwissenschaftlicher Sammlungen auch Bergbauprodukte und kostbare Stufen.

Einen gewaltigen Aufstieg erlebten die Naturwissenschaften und damit die Mineralogie und Geologie in Österreich im 18. Jahrhundert. Franz Stephan von Lothringen, der Gemahl Maria Theresiens, war ein großer Freund der Naturwissenschaften und hatte durch den Ankauf der Sammlung Baillou im Jahre 1748 das „Naturalienkabinett" begründet, aus dem sich im Laufe von mehr als

200 Jahren die heute im Naturhistorischen Museum in Wien vereinigten Sammlungen entwickelten. Nach dem Tode des Kaisers Franz wurden die Sammlungen als Staatseigentum erklärt, dem allgemeinen Besuche geöffnet und zur gründlichen Neuordnung der Beisitzer des Münz- und Bergamtes in Prag, *Ignaz von Born,* 1776 nach Wien berufen. *Born* besaß nicht nur hervorragendes praktisches und theoretisches Fachwissen, sondern war auch durch ein besonderes organisatorisches Talent ausgezeichnet. Er verstand es, gleichgesinnte Freunde und Fachgenossen zu sammeln und zu gemeinsamer Arbeit anzueifern und bildete den Mittelpunkt regen wissenschaftlichen Lebens in Prag und in Wien. In Prag hatte er die „Abhandlungen einer Privatgesellschaft in Böhmen" begründet. Sie erschienen von 1775—1784 und wurden dann von den Publikationen der königlichen Böhmischen Gesellschaft der Wissenschaften abgelöst, die seit 1785 erschienen und einen Kristallisationskeim für naturwissenschaftliche Arbeiten darstellten. In Wien hatte *Born* die „Physikalischen Arbeiten einträchtiger Freunde" ins Leben gerufen (1783 bis 1788 erschienen) und hatte auch in der Freimaurerloge „Zur wahren Eintracht" eine eigene Sektion „Naturalienkabinett" begründet, da auch seine Mitarbeiter im Kabinett, *Karl Haidinger* und Abbé *Andreas Stütz,* ein Chorherr des Stiftes St. Dorothea der Loge angehörten. In Übungslogen wurden naturwissenschaftliche Fragen erörtert, die Loge besaß eine eigene Mineraliensammlung.

Es war das eine Zeit, in der auch Geistliche, darunter Bischöfe, den Logen angehörten und es fast zum guten Ton gehörig empfunden wurde, einer Loge beizutreten. Man erkennt aus diesen Bestrebungen das unleugbare Geschick *Borns,* zu gemeinsamer Arbeit zu vereinigen und zu begeistern. Die Krönung fanden diese organisatorischen Bemühungen in der Gründung der „Societät der Bergbaukunde", an der *Born* hervorragend beteiligt war und die 1786 in Glashütten bei Schemnitz ins Leben trat. Fachgenossen in allen Ländern sollten sich in dieser Societät vereinigen, die im Jahre 1789 bereits 149 Mitglieder in 14 Staaten zählte und wohl als Vorläufer aller späteren fachlichen Vereinigungen der gleichen Wissengebiete angesehen werden darf. Gesellschaftsschriften wurden in deutscher Sprache gedruckt, zwei Quartbände, redigiert von *Born* und *Trebra* sind 1789 und 1790 erschienen.

Neben dieser neuen Zeitschrift der Societät, die unter der Bezeichnung „Bergbaukunde" erschien, behaupteten die Publikationen der königlichen Böhmischen Gesellschaft der Wissenschaften ihren Klang, so daß sogar die „Kurze Klassifikation und Beschreibung der verschiedenen Gebirgsarten" von *G. A. Werner* in diesen „Abhandlungen" erschien.

Beide Mitarbeiter *Borns* im Kabinette, *Karl Haidinger,* wie Abbé *Stütz,* förderten eifrigst diese Bestrebungen, so daß das Kabinett der Sammelpunkt aller Freunde der Mineralogie und Geologie wurde. *Karl Haidinger* schuf unter der Leitung von *Born* die neue Aufstellung des Kabinettes und verfaßte eine von der kaiserlichen Akademie in Petersburg preisgekrönte Abhandlung „Systematische Einteilung der Gebirgsarten". Abbé *Stütz* wiederum war ein vorzüglicher Kenner der Mineralvorkommen Niederösterreichs und schrieb mehrere Berichte zur „Mineralgeschichte von Österreich unter der Enns". Er hinterließ bei seinem Tode das fertige Manuskript seines „Mineralogischen Taschenbuches, enthaltend eine Oryktographie von Unter-Österreich, zum Gebrauche reisender Mineralogen". Das Taschenbuch enthielt auch ein Verzeichnis und eine Beschreibung der wichtigsten privaten Mineraliensammlungen, die damals bestanden.

An den Hochschulen gab es damals nur Lehrkanzeln für allgemeine Naturgeschichte, einzelne Disziplinen waren auch mit medizinischen Fächern gekoppelt, nur in Prag hatte 1763 Maria Theresia eine eigene Lehrkanzel für das Studium der Bergwerkswissenschaften an der Universität errichtet, welche durch *Peithner von Lichtenfels* besetzt wurde, der durch seine Geschichte der Böhmischen Bergwerke allgemein bekannt geworden ist.

Ebenso entfalteten eine Reihe von Forschern teils allein, teils mit Unterstützung staatlicher und privater Stellen eine eifrige Tätigkeit zur Durchforschung einzelner Landesteile von Österreich. Sie konnten sich vielfach auf ältere Arbeiten stützen, wie etwa der durch seine Reisewerke berühmt gewordene *Balthasar Hacquet* Bezug nimmt auf das Prachtwerk von *J. W. Valvasor* „Ehre des Herzogtums Krain" (1689). *Hacquet* war Professor für Naturgeschichte und Medizin an der Universität Lemberg und verfaßte eine vierbändige physikalische Beschreibung des Herzogtums Krain, eine Reisebeschreibung „Reise zum Glockner" und Reisewerke über die norischen und die dinarischen Alpen sowie die Karpathen um 1790. *Josef von Sperges* schrieb eine Tirolische Bergwerksgeschichte (1765). *Karl Ehrenbert Ritter von Moll und C. M. B. Schroll* bearbeiteten die Salzburger Mineralvorkommen, *Franz Ambros Reuss,* praktischer Arzt in Bilin, behandelte vom Jahre 1786 angefangen in seinen topographischen Werken das nördliche Böhmen, sein Sohn *August Emanuel Reuss* setzte die Arbeiten fort, um nur einige Namen zu nennen.

Das Interesse, welches sich wegen solcher Arbeiten in allen Ländern Österreichs zeigte, fand später seinen Ausdruck in der Bildung der Vereinigungen, welche die montanistisch-geologische Durchforschung der Länder, aber auch die Errichtung von Landesmuseen in allen Teilen Österreichs zum Ziele hatten und zunächst eine gesunde Dezentralisierung der umfangreichen Arbeiten bewirkten.

Dieses erhöhte Interesse ist in den Fortschritten begründet, welche man in allen geologischen Erkenntnissen damals gewonnen hatte. *Goethe,* der in lebhaften Briefwechsel mit *Karl von Schreibers,* dem Vorstande des Wiener Naturalienkabinettes stand, sagte z. B. von Böhmen, er habe hier, nachdem er in Thüringen als Geognost in die Schule gegangen sei, das Meisterrecht als Geologe erworben. Tatsächlich ist Österreich ein Paradies für die Geologen, besonders war dies Böhmen zur Zeit *Goethes,* als die Auseinandersetzungen über die Entstehung der Basalte geführt wurden.

Österreich bietet geologisch größte Mannigfaltigkeit in seinen Bauelementen. Die alte böhmische Masse ragt bis an die Donau im Süden, an ihr staut sich der Faltenbogen der Alpen und in den ausgedehnten Ebenen und Senkungsfeldern liegen mächtige Sedimentmassen. Wertvolle Erze und Mineralien einschließlich Kohle und Salz finden sich an vielen Orten in Österreich.

Im Hofnaturalienkabinette hatten sich mittlerweile weitgehende organisatorische Änderungen vorbereitet, es waren den mineralogischen Beständen auch zoologische und botanische Sammlungen angegliedert worden, ebenso wurde das astronomisch-physikalische Hofkabinett mit den naturwissenschaftlichen Sammlungen vereinigt. Nach dem Tode des Abbé *Stütz* hatte *Karl von Schreibers,* der besonders durch seine Arbeiten über Meteoriten bekannt ist und diese Sammlung weltberühmt machte, die Direktion übernommen. Während in anderen großen Museen die Meteoriten vielfach aus den Sammlungen entfernt wurden, wie in Paris, hatte man in Wien unabhängig von den wechselnden Auffassungen über ihre Herkunft und Entstehung systematische Sammlungen dieser Objekte angelegt, welche z. B. die Grundlage für die Arbeiten *Chladnis* über die Feuermeteore bildete, die einen völligen Wechsel in diesen Auffassungen bewirkten.

So wie unter *Born* wurde das Naturalienkabinett wieder ein belebter und beliebter Sammelpunkt der Mineralogen, als *Friedrich Mohs* aus Freiberg nach Wien berufen wurde und hier seine Vorlesungen im Naturalienkabinette hielt. *Mohs* war schon von 1802 an in Wien tätig gewesen, als er die große Sammlung *van der Nüll* in zwei umfangreichen Katalogbänden beschrieb, hatte dann seit 1812 in Graz Vorlesungen gehalten, wohin er durch Erzherzog Johann eingeladen worden war, um die Mineraliensammlungen des von ihm begründeten „Johanneums" zu ordnen.

Dieser Aufgabe unterzog sich *Mohs* mit größtem Erfolge, ebenso bereiste er große Gebiete der Steiermark, unternahm mit seinem Schüler Graf *Breuner* eine Reise nach England und Schottland, folgte aber dann nach dem Tode *Werners* einem Rufe an die Bergakademie Freiberg und wurde 1826 an die Universität Wien berufen. Da an der Universität keine genügenden Sammlungen vorhanden waren, hielt er seine Vorlesungen im Naturalienkabinett und versammelte hier nicht nur die Studierenden, sondern alle Freunde der Mineralogie und des Bergwesens. Eine eigene Studiensammlung war am Kabinett nicht vorhanden, *Mohs* schied auch keine solche aus, so daß durch diese Vorlesungen ständig das ganze Kabinett in Bewegung war. *Mohs* hatte mit Hilfe der Beamten des Kabinettes, besonders des sehr begabten *Paul Partsch* eine neue Aufstellung vorgenommen und auch den Ankauf der von ihm bereits eingehend beschriebenen *van-der-Null*-Sammlung erwirkt, durch deren Einverleibung die Wiener Sammlung nach den Worten von *Mohs* die „Erste auf der Welt" wurde. Leider fanden die Vorlesungen *Mohs* im Jahre 1835 ein Ende, als *Mohs* eine neue Berufung erhielt. Wieder war eine Blütezeit vorzeitig beendet.

Die Hofkammer im Münz- und Bergwesen hatte mit größtem Interesse die erfolgreichen Vorlesungen *Mohs* verfolgt und berief ihn 1835 als Bergrat an dieses Institut. Er sollte dort eigene Sammlungen für den Unterricht der Montanisten aufstellen und geognostische Reisen durch Österreich unternehmen. Vier Säle des neuen Münzgebäudes wurden für diese Sammlung bestimmt, in welche alle der Hofkammer unterstehenden Ämter und Bergbaue entsprechendes Material einsenden sollten. Mitten in diesen neuen Aufgaben verschied *Mohs* auf einer Reise in Agordo 1839.

Als *Mohs* 1812 nach Graz berufen wurde, hatte ihn *Wilhelm Haidinger* dorthin begleitet, ein Sohn des schon erwähnten *Karl Haidinger*. *Karl Haidinger* war aus dem Dienste des Naturalienkabinettes 1788 ausgeschieden, war dann an der Bergakademie in Schemnitz sowie an der Hofkammer für Münz- und Bergwesen tätig gewesen und hatte sich zu einem universellen Geiste entwickelt. Nach einer großen Reise durch England, bei der Fragen des Kanalbaues, der Steinkohlenfeuerung im Eisenwesen, der Geschirrfabrikation und andere industrielle Fragen studiert worden waren, entwickelte er bedeutsame Ideen über den Bau des Wiener-Neustädter Kanales, auch über die Notwendigkeit einer großen Wasserleitung nach Wien, starb aber frühzeitig. *Wilhelm Haidinger* hatte von seinem Vater die universelle großzügige Begabung für die Naturwissenschaften geerbt, sich *Friedrich Mohs* angeschlossen, ging mit *Mohs* nach Freiberg, von dort nach England und betätigte sich nach 1827 in der Porzellanfabrik seiner Brüder in Elbogen. Von dort wurde er als Nachfolger auf den von *F. Mohs* bekleideten Posten im Jahre 1840 nach Wien berufen und entfaltete nun eine leidenschaftliche Tätigkeit, als deren Ergebnis innerhalb weniger Jahre eine ausgezeichnete montanistische Sammlung erwuchs, in deren Rahmen ein erfolgreicher Unterricht der Montanisten Österreichs betrieben werden konnte. Die Mineraliensammlung der k. k. Hofkammer im Münz- und Bergwesen wurde nun neben dem Naturalienkabinett ein neues Zentrum für die Mineralogen und Bergbaubeflissenen, aber auch für alle Freunde der Naturwissenschaften, da *Wilhelm Haidinger* ähnliche verbindende Kräfte wirksam machte, wie sie seinerzeit von *Born* ausgegangen waren. Auch er verstand es, zu gemeinsamer Arbeit zu begeistern, mit *Schreibers, Partsch* und *Hörnes*, den Vorständen des Naturalienkabinettes verband ihn Freundschaft. Unterstützt von *Franz von Hauer*, den er für seinen Amtsbereich als Mitarbeiter gewonnen hatte, begründete er als äußeren Rahmen die Vereinigung „Freunde der Naturwissenschaften" und schuf ein eigenes Publikationsorgan „Naturwissenschaftliche Abhandlungen" und „Berichte über die Mitteilungen von Freunden der Naturwissenschaften in Wien", von denen sieben Bände erschienen sind. Bis dahin hatten die wichtigen Veröffentlichungen im Rahmen der königlichen Böhmischen Gesellschaft der Wissenschaften in Prag erfolgen müssen. Auch die Naturalienkabinette in Wien hatten unter dem Titel „Annalen des Wiener Museums der Naturgeschichte" eine Zeitschrift geschaffen, die jedoch nur zwei Jahre bestand.

Aber auch diese nun zum ersten Male auch äußerlich gelungene Vereinigung der Freunde der Naturwissenschaften hatte nur kurzen Bestand. Aus dem „Montanistischen Museum" *Haidingers* ging nach einem Auftrag des Ministers *Thinnfeld* (des Schwagers *Haidingers*) „ein großartiges Reichsinstitut für Geognosie und Geologie" hervor, die spätere k. k. geologische Reichanstalt. Zur gleichen Zeit wurde die Akademie der Wissenschaften in Wien ins Leben gerufen und die Vereinigung der Freunde zerfiel wieder.

Dafür hatten sich in den Ländern Österreichs Vereinigungen gebildet, deren Ziel eine montanistische und geologische Durchforschung der Länder war. So hatte Erzherzog Johann den geognostisch-montanistischen Verein für Innerösterreich begründet, der auch die geognostische Tätigkeit in Oberösterreich und Salzburg förderte, in Innsbruck war der Verein zur geognostisch-montanistischen Durchforschung des Landes Tirol und Vorarlberg entstanden. In engster Verbindung mit solchen Vereinigungen entstanden die

Sammlungen, die zu den Landesmuseen in den Hauptstädten der österreichischen Länder ausgebaut wurden. In Graz hatte Erzherzog Johann das „Johanneum" gegründet, welchem er seine umfangreichen naturwissenschaftlichen Sammlungen, aber auch seine wertvollen Kunstsammlungen schenkte, in Prag war 1818 das vaterländische Museum entstanden, als dessen Präsident *Kaspar* Graf *Sternberg,* der Freund *Goethes,* bis zu seinem Tode 1838 fungierte und dem er schon bei der Gründung seine Sammlungen geschenkt hatte, in Mähren war durch die Ackerbaugesellschaft ein Landesmuseum im Jahre 1817 in Brünn geschaffen worden, in Laibach ein solches 1821 bis 1826 entstanden, in Innsbruck wurde das Ferdinandeum 1823 errichtet, in Niederösterreich hatten die Stände schon 1791 mit einer topographischen Untersuchung des Landes begonnen, seit 1821 wurden diese Untersuchungen fortgesetzt, in Linz wurde 1833 das Francisco Karolinum begründet, in Salzburg 1834 das Carolinum Augustinum geschaffen, in Klagenfurt 1844 die Landessammlungen begründet, zu denen umfangreiche Vorarbeiten durch *Hacquet* und *Wülfen* besorgt worden waren, um nur die wichtigsten Vorgänge zu nennen.

Als daher 1847 *W. Haidinger* die erste geognostische Übersichtskarte Österreichs am k. k. montanistischen Museum arbeiten ließ, konnte er sich auf sehr umfangreiche Vorarbeiten stützen, die in den Ländern geleistet worden waren und zu denen das Belegmaterial entweder in den einzelnen Landessammlungen, von Niederöstereich im Naturalienkabinett wie zu den geognostischen Karten von *Paul Partsch,* hinterlegt worden war.

Um die Mitte des 19. Jahrhunderts waren am Naturalienkabinett, das seit 1851 in drei unabhängige Kabinette (mineralogisches, zoologisches, botanisches Hofkabinett) zerlegt worden war, hervorragendste Wissenschaftler tätig, am Mineralienkabinett *M. Hörnes, E. Sueß, A. Schrauf* und *G. Tschermak.* Durch Ausbau der Lehrkanzeln an der Universität entstanden die beiden mineralogischen Institute der Universität mit reichen Sammlungen, jüngere Forscher, wie *Friedrich Becke* und *Max Schuster,* traten in diese Institute ein, *Ernst Ludwig* begründete mit *G. Tschermak* eine glanzvolle Ära der Mineralanalyse in Wien, der Physiker *V. Lang* beschäftigte sich mit der Physik der Kristalle, die Sammlungen des Hofmineralienkabinettes waren im neuen Naturhistorischen Museum aufgestellt, wieder begann eine neue Zeit der Hochblüte der mineralogischen Wissenschaften, wie unter *Born, Mohs* und *Haidinger.*

Das allgemeine Interesse hatte einen Niederschlag gefunden und war verstärkt worden durch eine Reihe von genau gearbeiteten mineralogischen Topographien der Länder Österreichs, wie etwa der Monographien von *A. Sigmund* über die Minerale Niederösterreichs, *H. Commenda*, Oberösterreich; *E. Fugger*, Salzburg; *E. Hatle* sowie *A. Aigner*, Steiermark; *A. Brunnlechner* sowie *H. Höfer*, Kärnten; *G. Gasser* sowie *L. Liebner* und *J. Vorhauser*, Tirol, um nur einige davon zu nennen.

Während aber *Born, Mohs, Haidinger* ihre Bestrebungen vielleicht zu einseitig auf die Erfassung von Fachgelehrten und berufstätigen Montanisten und Geologen gerichtet hatten, erstrebten jetzt wirklich alle Freunde der Mineralogie, die Professoren an der Universität und am Museum, die Professoren der Mineralogie an den Mittelschulen, die Naturgeschichtslehrer an den Pflichtschulen, die Sammler von Mineralien und Gesteinen neben Vertretern aller Gewerbe, in denen Steine verarbeitet wurden, eine Vereinigung an, in der gleichmäßig die Interessen aller vertreten sein sollten. Der Vorstand der mineralogischen Abteilung am Naturhistorischen Museum, Professor *Berwerth*, und der als Sammler von Edelsteinen rühmlichst bekannte und organisatorisch begabte Hofrat *A. v. Loehr* ergriffen die Initiative und es trat im März 1901 eine „vorbereitende Geschäftsleitung" der Wiener Mineralogischen Gesellschaft ins Leben, welche für Mittwoch, den 27. März, in den Stiftersaal des Wissenschaftlichen Clubs zur konstituierenden Versammlung einlud. An diesem Abend wurde die Gesellschaft gegründet.

Der erste Vorstand der Gesellschaft setzte sich aus Vertretern aller Richtungen zusammen. Neben den Professoren *Tschermak, Becke, Berwerth* und *Friedrich* saßen als Vertreter der Sammler und sonst an der Mineralogie und Petrographie Interessierten Hofrat *Loehr*, Exz. *Klepsch*, der Hof- und Gerichtsadvokat *Perlep* und Kommerzialrat *Weinberger*, ein hervorragender Sammler und Montanist, aber auch ein bewährter Mäzenas. Das Amt eines Kassiers bekleidete *Felix Karrer*, der unermüdliche Mitarbeiter des Hofmuseums, der hier die glänzende Baumaterialiensammlung geschaffen hatte. Vorsitzender war *Tschermak*.

In den folgenden Dezennien wurden in Hunderten von Vorträgen und Referaten die Mitglieder der Gesellschaft über alle Fortschritte der Wissenschaften unterrichtet, Professoren und Dissertanten berichteten über ihre Arbeiten, Sammler über ihre Reisen und Erwerbungen, Chemiker und Physiker über die Ergebnisse ihrer für die Mineralogie so wichtigen Nachbarwissenschaften. War doch die Zeit um die Wende des Jahrhunderts wieder eine große, eine romantische Zeit der Mineralogie so wie sie es hundert Jahre vorher gewesen war, als der große Streit der Neptunisten und Plutonisten die Geister beherrschte. Diesmal aber galt der Fortschritt der exakten Erforschung der Mineralien, der Gemengteile der Gesteine, der genetischen Bedingungen in allen ihren Einzelheiten. Aus der berühmten petrographischen Schule, die von *Tschermak* begründet, von *Becke* und *Berwerth* weiter ausgebaut und weiter entwickelt wurde, erwuchsen grundlegende Arbeiten über die mineralogische Zusammensetzung der Gesteine, die einzelnen Gemengteile wurden optisch in allen Einzelheiten studiert, die chemische Mineralogie und die Mineralsynthese, die besonders im Institute *Cornelio Doelters* gepflegt wurde, brachte grundlegende Erkenntnisse über die Bildungsbedingungen der Gesteine und Minerale und unvergessen wird allen das kometenhafte Auftreten des jungen Feuergeistes *Felix Cornu* bleiben, der von der Mineralogie kommend, sich den montanistischen Wissenschaften zugewendet hatte, die er mit seinem großen Reichtum an Ideen erfüllte. Die Röntgenstrahlen, die eben erst erkannte Radioaktivität ermöglichten ungeahnte Einblicke in den Feinbau der Materie und haben die gesamte Strukturforschung auf neue exakte Grundlagen gestellt. In dieser triebhaften Zeit, die allen Wissensgebieten eine geradezu stürmische Entwicklung ermöglichte, wurde über alle Fortschritte gewissenhaft in den monatlichen Vorträgen der Gesellschaft berichtet, auf Exkursionen wurden praktische Erkenntnisse gesammelt und über alle Fragen eifrig diskutiert.

In bisher 111 Nummern ihrer Mitteilungen wurde eingehend über diese Vorträge, Aussprachen, Exkursionen berichtet, namentlich auch die Ausstellungen besprochen, welche regelmäßig unter starker Beteiligung der wissenschaftlichen Institute und der Sammler bei jeder Monatsversammlung veranstaltet worden waren. Es wurden systematisch fast alle Gruppen der Minerale ausgestellt, durch einführende Vorträge erläutert und derart bot jeder Vortragsabend auch praktischen und lehrhaften Anschauungsunterricht. Einige Male ist die Gesellschaft auch durch selbständige literarische Tätigkeit hervorgetreten, so durch das sehr bekannte und beliebte Mineralogische Taschenbuch, das 1911 in erster und 1928 in zweiter Auflage erschien und besonders durch die von *R. Koechlin* mit größter Sorgfalt bearbeiteten tabellarischen Übersichten der Mineralien Anklang gefunden hat. Bei der Naturforscher-Versammlung in Wien überreichte die Gesellschaft im Jahre 1913 eine wertvolle Arbeit über das Niederösterreichische Waldviertel samt einer geologischen Karte die von *F. Becke, A. Himmelbauer* und *F. Reinhold* verfaßt war. *R. Görgey* hatte chemische Analysen beigesteuert.

Es war also kein Zufall, daß die Zahl der Mitglieder ständig wuchs und die Zweifler nicht Recht behielten, die der Gesellschaft keine Lebensfähigkeit zuerkennen wollten. Hatten sich zur gründenden Versammlung etwa 40 Personen eingefunden, so zählte die Gesellschaft nach einem Jahre schon 120 Mitglieder, später rund 150 Mitglieder, darunter ein treuer geschlossener Kreis als unermüdliches Stammpublikum, das auch den geselligen Abenden nicht fernblieb, die sich an die Monatsversammlungen anschlossen. Gute Freundschaft verband die Mitglieder der Gesellschaft und nur ganz selten fiel ein ungutes Wort bei den oft sehr lebhaften Diskussionen in dieser stürmischen und entwicklungsreichen Zeit. Die Geologen brachten oft Leben in diese Diskussionen durch ihre neuen Ideen über die Alpenfaltungen und Überschiebungen, die Diskussionen über die zunächst rätselhaften Tektite führten zu einem scharfen Gegensatz der Auffassungen in dieser Frage. Aber stets wurden die Aussprachen in freundschaftlichem, rein sachlichem Geiste geführt, die persönlichen Beziehungen blieben ungetrübt.

Dieser Geist der Freundschaft und Zusammengehörigkeit bewahrte die Gesellschaft auch in schwerster Zeit vor Zerfall und Selbstaufgabe. Als nach dem ersten Weltkriege die Idee auftauchte, die Gesellschaft mit anderen wissenschaftlichen Vereinigungen zu verschmelzen, weil ein eigenständiges wissenschaftliches Leben der Gesellschaft eine Zeitlang infolge der drückenden äußeren Verhältnisse praktisch unmöglich schien, konnten diese Depressionen durch die enge Verbindung der Mitglieder der Gesellschaft überwunden werden. Die Gesellschaft wahrte ihre Eigenart und Selbständigkeit, die auch nicht aufgegeben wurde, als 1938 über Nacht der gewählte Vorstand verschwinden mußte und die Gesellschaft durch kommissarische Leiter „geführt" wurde, der Aufsicht der Kreisleitung unterstellt wurde, welche gewählte Funktionäre statutenmäßig zu bestätigen hatte, als der Stillhaltekommissar des Reichskommissars für die „Wiedervereinigung Österreichs mit dem Deutschen Reiche" den Vereinsleiter „bestellte", der dann auch in „geheimer Wahl" erkoren werden mußte. Über alle diese Phasen half die freundschaftliche Verbundenheit der alten Mitglieder hinweg, die es nur mit tiefer Wehmut empfanden, daß einige ihrer Besten in dieser Zeit der Gesellschaft nicht weiter angehören durften.

Um so freudiger wurden diese „schwarzen Schäflein" begrüßt, als nach dem Jahre 1945 die Gesellschaft sich wieder auf der alten unpolitischen Grundlage zu neuer Tätigkeit zusammenfand. Damals erwarben sich die Herren Sektionschef *Rotky*, Hofrat *Lechner*, Zentraldirektor *Karabacek*, Prof. *Machatschki*, Dr. *Schiener*, Prof. *Haberlandt*, Dr. *Sedlaczek* und Dr. *Zeman* große Verdienste, welche die neuen Statuten entwarfen, die Gesellschaft wieder bei den Behörden anmeldeten und dadurch die Mitglieder im neuen alten Rahmen wieder sammelten.

Seither erfüllt der alte Geist die Gesellschaft, die nun in das zweite halbe Jahrhundert ihres Bestandes tritt und bei diesem Anlaß allen ihren Freunden diese bescheidene Festschrift überreicht.

Aus dem Forschungsinstitut Gastein in Badgastein (Mitteilung Nr. 54) und dem Physiologischen Institut der Universität Innsbruck.

Über Uran anreichernde Warzen- und Knöpfchensinter an österreichischen Thermen, insbesondere in Gastein.

Von

F. Scheminzky, Innsbruck u. Badgastein, und **W. Grabherr**, Innsbruck.

Mit 9 Textabbildungen.

(Eingelangt am 1. März 1950.)

Neben den gewöhnlichen *Kalksintern* (Decken- und Bodenzapfen, Sinterdecken, Hängesinter u. a.) finden sich an den verschiedenen Quellaustritten der Gasteiner Thermen auch bisher unbeachtet gebliebene Kalksinter von Warzen- und Knöpfchenform, die der eine von uns *(G.)* als „thermale Warzensinter" den nahezu gleichgestalteten Höhlensintern gegenüberstellte (1). Auch die Warzensinter sind keine rein mineralischen Abscheidungen, sondern gehen *wenigstens in ihrer Entstehung* auf die Mitwirkung von verschiedenen Blaualgen (Cyanophyceen) zurück. Später fand der eine von uns *(G.)* ähnliche Bildungen auch an den Ursprüngen der Therme von Hintertux in den Zillertaler Alpen, der andere *(Sch.)* solche — in besonders schöner Ausbildung — am Ursprung der Augenquelle von Kleinkirchheim in Kärnten. Obwohl das Vorkommen von gleichartigen biologisch bedingten Kalksinterbildungen an drei verschiedenen Thermalquellen an sich schon in balneobiologischer Hinsicht bemerkenswert ist, gewinnen diese Gebilde an den drei genannten Thermalquellen durch die Feststellung einer Urananreicherung noch ein besonderes Interesse (*Grabherr* und *Scheminzky* [2])[1].

Viele Blaualgen aus den verschiedensten systematischen und biologischen Gruppen fällen aus einem sie überrieselnden oder überspritzenden Wasser den als $Ca(HCO_3)_2$ gelösten Kalk aus, der in den Gallertscheiden oder Hüllen als $CaCO_3$ zur Ablagerung kommt. Für die heißen Wässer des Yellowstone Parc (USA.) haben *Weed* (3) und *Davis* (4) schon im vergangenen Jahrhundert auf die Rolle von Zoogleen und

---

[1] Für die tatkräftige Mitarbeit bei den hier berichteten Untersuchungen sind wir der med.-techn. Assistentin des Physiologischen Institutes, Frl. *E. Müller,* zu besonderem Dank verpflichtet.

Cyanophyceen bei der Sinterbildung hingewiesen und die faserige Struktur des dort abgeschiedenen Travertins aus der Mineralisierung der pflanzlichen Faserbündel erklärt, die durch Säure wieder aus dem Sinter herausgelöst werden konnten. *Diels* (5) sowie *Bachmann* (6) wiesen am Beispiel der Südtiroler Dolomitenriffe erstmalig kurz auf die eigenartigen Biocoenosen aus kalkabscheidenden Blaualgen hin, die steile Felswände von Kalk- und Dolomitengebirgen besiedeln. *Ercegovic* (7) untersuchte eine an den Küsten des Mittelmeeres verbreitete, sehr artenreiche Felsufervegetation (Lithophyten), welche sich in der Brandungszone steil ins Meer abfallender Kalkfelsen ansiedelt und praktisch nur aus Cyanophyceen besteht, von denen ein Teil im Inneren des Gesteines lebt (Endolithophyten). Auch in Höhlen kommen mancherlei Kalksinter vor, von denen einige sich durch ihre besondere Form und ihren besonderen Aufbau herausheben; *Magdeburg* (8) hat sich als erster eingehender mit diesen Sonderformen beschäftigt und zeigen können, daß bei ihrer Entstehung biologische Prozesse eine Rolle spielen (vgl. später). Ganz die *gleichen* Formen, wie wir sie hier für die drei genannten österreichischen Thermalquellen beschreiben, hat dieser Autor (8, 9) in den Höhlen der fränkischen Schweiz gefunden und als organogene Bildungen unter Mitwirkung von Blaualgen erkannt; solche als Warzen- und Knöpfchensinter auftretende Gebilde — fälschlicherweise mitunter auch in den Begriff des „Teufelskonfekt" einbezogen [1] —, kommen im übrigen auch in fast allen Höhlen vor und sind den Speläologen längst aufgefallen, ohne daß vor *Magdeburg* aber ihre wahre Natur erkannt worden wäre. In der Balneobiologie sind sie bisher — wie schon eingangs erwähnt — ganz unbeachtet geblieben (vgl. dazu *Vouk* [11]).

1. Das Vorkommen der Warzen- und Knöpfchensinter an den Thermen von Badgastein, Hintertux und Kleinkirchheim.

Die *Gasteiner Therme* kommt in Badgastein am Hang des Badberges — einem Vorberg des Graukogels —, mit heute 17 Einzelquellen, die jeweils wieder mehrere Austritte haben können, zutage; sie strömt zum Teil durch Moränenschutt, zum Teil sind die Quellen durch kürzere oder längere Stollen direkt am Fels gefaßt. Die heißeste Quelle weist eine Temperatur von 47·5° C auf. Wie bekannt, sind diese Quellen durch gelöste Radiumemanation (Radon) hochradioaktiv, die stärkste zeigt eine Konzentration von 390 M. E., gleich 142 mμC/l (12). Es ist wahrscheinlich, daß *ein Teil* des Thermalwassers als juvenil angesehen werden muß. Die erwähnten epipetrischen Kalksinterbildungen, die wir im Einzelindividuum als „Epipetrium" bezeichnen wollen, sind an zahlreichen der Gasteiner Quellaustritte zu finden. Sie treten allerdings niemals *unter Wasser* auf, sondern nur an der Litoralzone von Thermalwasserbecken oder Thermalwasserströmen sowie an Felswänden oder Mauerwerk, das vom Thermalwasser besprüht oder von diesem in dünner Schicht überrieselt wird. Besonders schön, auch leicht zugänglich, sind die Warzen und Knöpfe am Hauptaustritt der Elisabeth-Quelle (Quelle Nr. IX), wo sie nicht nur die Austrittsöffnung für den Thermal-

---

[1] Fälschlich deshalb, weil unter „Teufelskonfekt" nach *Kyrle* (10) kugelförmige, *lose,* nicht mit der Unterlage verwachsene Sinter zu verstehen sind.

wasserstrom zwischen großen Felsblöcken, sondern auch die Wände der ganzen Fassung dicht aneinandergedrängt überziehen (Abb. 1). Man findet sie weiters an der freien, immer wieder von Thermalwasser zart überrieselten Felswand gleich links neben und auch über der Eisentüre des Hauptaustrittes der Doktor-Quelle (Quelle Nr. VI), aber auch im Innern der Quellfassung, wo sie an der Decke über dem Austrittsspalt sogar nach Art von Stalaktiten abwärts gegen das Thermalwasser zu wachsen. Auch an anderen Quellen sind sie nicht

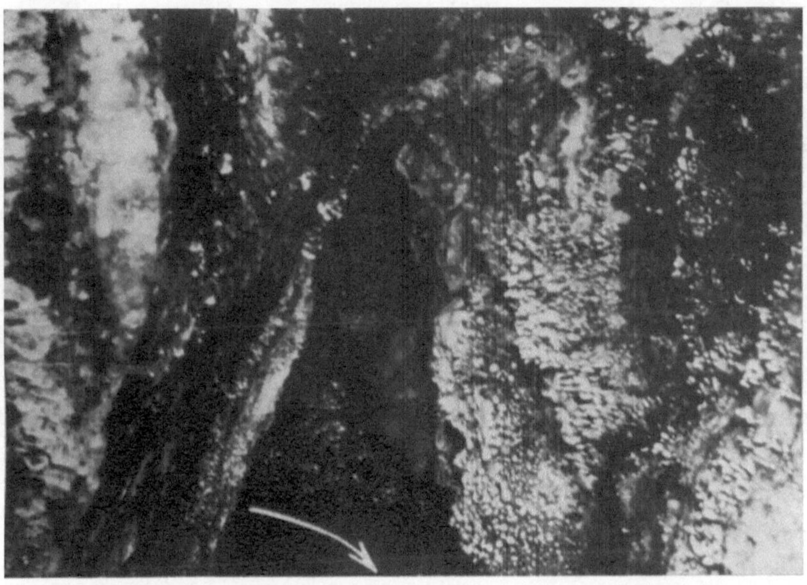

Abb. 1. Hauptaustritt der Elisabeth-Quelle (Quelle Nr. IX) in Badgastein (Salzburg); der Pfeil zeigt die Richtung der Thermalwasserbewegung an. Die gesamte Umgebung der Austrittsspalte ist dicht mit Warzensinter überzogen. Rund $^1/_6$ der natürl. Größe.

minder auffallend, so am rückwärtigen Felsgesimse im Inneren der neuen Franzens-Quelle (Quelle Nr. VII), an den freiliegenden Felswänden oberhalb der nur durch ein Eisenrohr gefaßten Mitteregg-Quelle (Quelle Nr. XI) und schließlich wieder in besonders reicher Ausbildung im alten Fledermausstollen (Quelle Nr. X), der noch mit Schlegel und Hammer auf 8·5 m Länge, vermutlich im 15. Jahrhundert unter Mitwirkung des Gewerken *Konrad Strochner*, vorgetrieben wurde; er schloß drei Warmwasseraustritte am linken Ulm auf und hat sich als unbenützter Quellaustritt seit Jahrhunderten im ursprünglichen, naturbelassenen Zustand erhalten. Im Fledermausstollen finden sich die Epipetrien nicht nur an dem von Thermalwasser überrieselten linken Ulm dicht aneinandergedrängt, zum Teil sogar zu zusammenhängenden Sinterkrusten konfluierend vor, sondern auch am gegenüberliegenden rechten Stollenulm und an der Litoralzone eines Thermalwasser-Sammelbeckens (Abb. 2), das über der Stollensohle durch die Errichtung einer zirka 25 cm hohen Staumauer im Jahre 1930 dicht hinter dem Mundloch entstanden ist. Die *Gestalt der Epipetrien* an den Gasteiner Quellaustritten ist nicht immer ganz gleich; sie können reine Warzenform zeigen oder auch gestielte Knöpfe bilden (Abb. 2), doch kommen mitunter, besonders an der Felswand neben und über der Türe zur Fassung des Haupt-

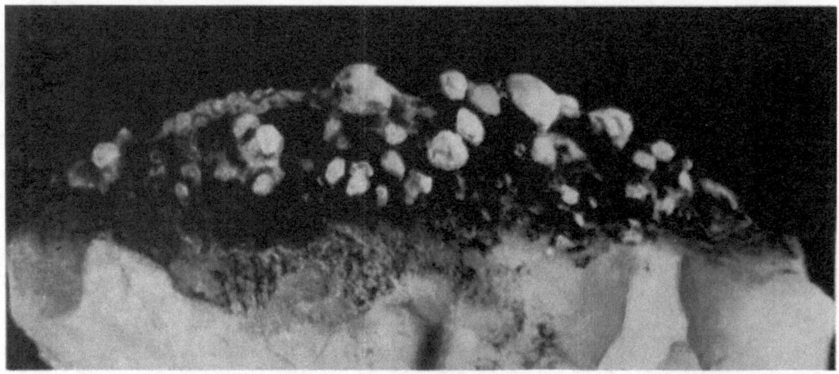

Abb. 2. Quarzfels mit Warzensinter von der Litoralzone des Thermalwasserbeckens im Fledermaus-Stollen (Quelle Nr. X) in Badgastein (Salzburg). Rund 1¹/₂ fache natürl. Größe.

austrittes der Doktor-Quelle (Quelle Nr. VI) sogar geweihartig verzweigte Formen vor. Die Größe dieser Sinterbildungen schwankt zwischen wenigen Millimetern bis zu 1 cm Höhe und Durchmesser — in der letztgenannten Größe z. B. an der Decke in der Fassung des Hauptaustrittes der Doktor-Quelle —, wohl in Abhängigkeit vom Alter dieser Gebilde, der Quellentemperatur bzw. der zum Standort dringenden Wärme. Das Alter läßt sich nicht ohneweiters bestimmen, doch ist sicher ein sehr langsames Wachstum anzunehmen. Für die schon erwähnte Litoralzone am Sammelbecken in der Fledermaus-Quelle (Quelle Nr. X) läßt sich das Alter angeben, da die dort vorhandenen, bis fast zu 1 cm Höhe gewachsenen Kalkknöpfe (Abb. 2) erst nach Aufstauung des Thermalwassers, also erst in den letzten 20 Jahren, zur Ausbildung gekommen sein können. Die Unterlage, auf der die epipetrischen Algen sich ansiedelten, ist in Badgastein sehr häufig der unmittelbare Quarzfels; der Kalk kann daher nicht der Unterlage entstammen und unsere Pflanzengesellschaften (vgl. später) können daher auch nicht kalklösende (kalkbohrende), sondern nur ausgesprochen kalkausscheidende Algenarten sein. Auch am eisernen Abflußrohr des Thermalwasser-Staubeckens im Fledermaus-Stollen setzte, sogar auf der vom Thermalwasser abgekehrten oberen Rundung des Eisenrohres, die Bildung von Epipetrien ein. Offensichtlich vom Rost des Rohres beeinflußt, ist hier ihre Farbe stellenweise, besonders aber an den Eisenstellen, rötlichbraun (Fe_2O_3-Gehalt). Außerhalb der Gasteiner Quellursprünge wurden in der freien Natur an Felswänden, die zeitweilig vom kalkhaltigen Wasser überrieselt werden, so z. B. am Radhausberg bei Böckstein hie und da, aber keineswegs häufig, *nur Ansätze* zu ähnlichen Kalkausscheidungen von Blaualgen gefunden; diese erreichen jedoch nie auch nur annähernd eine solche Entfaltung und Größe wie an den Gasteiner Thermen. Die Warzen- und Knöpfchensinter an den Gasteiner Quellursprüngen stellen jedenfalls eine *spezifisch thermale* Bildung dar.

Die *Therme von Hintertux* (Tirol) kommt aus grobblockigem Moränen- und Gehängeschutt am Berghang südöstlich vom Tuxer Bach mit 18 dicht nebeneinander liegenden, verschieden warmen, meist ungefaßten Quellen mit einer Temperatur bis zu 21,6° C hervor. Die Radioaktivität (Radongehalt) ist unbedeutend und wurde 1910 von *Bamberger* und *Krüse* (13) mit nur 2·4 M. E. gleich rund 0·9 mμC/l, 1941 von *Rippel* (14) sogar nur mit 0·8 M. E. gleich 0·28 mμC/l festgestellt. Nach *Wollmann* (15) ist das Thermalwasser als vados anzusehen, das als Regen- und Schmelzwasser in die Tiefe sickert und nach Anwärmung wieder aufsteigt. Das Thermalwasser entspringt bei manchen der Quellaustritte unmittelbar dem Wiesenboden, bei anderen tritt es zwischen herabgestürzten Felsblöcken hervor. An solchen felsigen Quellaustritten, insbesondere am westlichsten, dem von uns „Große Epipetrien-Quelle" genannten Austritt sowie an einem nahen kleineren Austritt und auch an mehreren anderen, kommen in den Spalten zwischen den Felsblöcken oberhalb des Thermalwasserspiegels (Abb. 3), ferner an der Litoralzone der von Felsblöcken umgrenzten Thermalwasserbäche und schließlich auch an den trockenen Flächen der im Thermalwasser liegenden Steine reichlich epipetrische Bildungen bis zu 8 mm Höhe vor, deren Gestalt meist die eines gestielten Knopfes ist; nicht selten machen diese Knöpfe den Eindruck, als ob sie von obenher zusammengedrückt worden wären, und häufig sind an solchen Stücken die Köpfe der Epipetrien miteinander zu einer fast gleichmäßigen Fläche verwachsen (Abb. 4). Sie erinnern dann in ihrem Aussehen an manche *Furchensteine* aus der Litoralzone der größeren Alpenseen, z. B. des Bodensees.

Die *Therme von Kleinkirchheim* (Kärnten) kommt am Hang gegen die Ortschaft St. Oswald vermutlich aus Triaskalk und über-

lagertem Gehängeschutt mit einer Temperatur von 22·5⁰ bzw. 20·2⁰ C
hervor; auf der Parzelle der St. Katharinenkirche entspringen sowohl

Abb. 3. Austritt der »Großen Epipetrien-Quelle« in Hintertux (Tirol). Das Warmwasser strömt
unter einem großen Felsblock in Richtung der Pfeile hervor; an der Unterseite des Blockes, der
Quellspalte zugekehrt, zieht quer durch die Mitte des Bildes die Reihe der weißen Epipetrien, die
wie Stalaktiten nach unten gewachsen sind. Rund ¹/₂ der natürl. Größe.

die Katharinen-Quelle unter dem Sockel eines Bildstockes als auch
in der Unterkirche selbst die Augen-Quelle. Nach der Radioaktivität
(Radongehalt) ist die Kleinkirchheimer Therme gleich nach Badgastein einzureihen; diese betrug 1923 nach *Nagele* (16) 35 M. E., gleich rund 12·7 mμC/l. Das Warmwasser ist nach *Kahler* (17) wohl als vadoses Wasser aufzufassen, das nach Absinken sich in der Tiefe erwärmt und unter dem Druck des

Abb. 4. Felsstück von der »Großen Epipetrien-Quelle« in Hinter-
tux (Tirol) mit dichtem Überzug von Knöpfchensinter, dessen
Einzelepipetrien, besonders rechts, teilweise konfluieren. Natürl.
Größe.

nachströmenden Kaltwassers wieder hochgetrieben wird. Die Fassung
der Katharinen-Quelle ist in jüngerer Zeit erneuert worden; wahrscheinlich sind aus diesem Grund heute an ihr keine Kalksinter epipetrischer
Blaualgen mehr zu finden. Der Ursprung der Augen-Quelle dagegen,

der sich in der Unterkirche befindet, durfte nicht angetastet werden und so hat sich die alte sakrale Fassung seit Jahrhunderten, vielleicht seit *500 Jahren,* unverändert erhalten. Der Berghang, durch den beide Quellen abfließen, trifft die Katharinenkirche in der Höhe des Fußbodens der Oberkirche; die Unterkirche liegt daher bereits unter Terrain

Abb. 5.   Austritt der Augen-Quelle von Kleinkirchheim (Kärnten) in einer Maueröffnung der Krypta der St. Katharinenkirche. Das Thermalwasser strömt in einem mehrere Meter langen Kanal durch die Grundmauer der Kirche und stürzt durch die Maueröffnung in einen Blechtrichter frei ab. Die gesamte Innenwand des Kanals über dem Wasserspiegel, die Umgebung der Austrittsöffnung und die Innenseite des Blechtrichters sind dicht mit Warzensinter überzogen. Rund $^1/_6$ der natürl. Größe.

und das mit der Augen-Quelle austretende Thermalwasser durchsetzt ihre Grundmauern in einem schmalen, rückwärts abgebogenen Kanal von etwa 10×30 cm Querschnitt und — soweit man Einblick nehmen kann — einigen Metern Länge. Aus der Öffnung des Kanales stürzt das Warmwasser in einen Blechtrichter von etwa 35 cm Durchmesser frei ab (Abb. 5), der unten in das Ableitungsrohr übergeht.

Das Innere des Kanales ist, so weit er sich überhaupt überblicken läßt, oberhalb des Wasserspiegels dicht mit dem Warzen- und Knöpfchensinter in seltenschöner Ausbildung überzogen (Abb. 5); aber auch die Innenwand des Blechtrichters sowie die Wände zu beiden Seiten und oberhalb sowie unterhalb der Kanalöffnung und schließlich die Decke der Wandnische, in der sich der Quellaustritt befindet, also alle Stellen, wohin Thermalwasser versprüht wird oder durch wilde Austritte hingelangt, zeigen mehr oder weniger dicht gedrängt die hier erörterten Bildungen. Sie weisen an manchen Stellen mehr Warzenform, an anderen mehr die Form gestielter Knöpfe auf.

Abb. 6. Bruchstück eines Mauerbausteines aus der Nähe der Austrittsöffnung der Augen-Quelle von Kleinkirchheim (Kärnten). Die dicht aneinander gedrängten Epipetrien haben hier z. T. eine fingerförmige bis kegelförmige Gestalt. Natürliche Größe.

Rechts unterhalb des Blechtrichters kommen auch fingerförmige oder oben kegelförmig zulaufende Gebilde vor (Abb. 6). An vielen Stellen ist die Tendenz zum Konfluieren der Einzelepipetrien erkennbar (Abb. 6), die an diesem Quellaustritt infolge der so lange Zeit ungestörten Entwicklung eine Höhe bis zu fast 1 cm erreichen konnten. Das erwähnte Vorkommen dieser Bildungen auch auf der Wand des *Blech*trichters zeigt im übrigen wieder, daß der Kalk aus dem Thermalwasser und nicht von der Unterlage stammt und daß die am Aufbau des Epipetriums beteiligten Algen kalkabscheidend, nicht kalklösend sind.

Die *Farbe aller dieser epipetrischen Bildungen* ist nach dem Fundort jeweils verschieden. Die Sinter von den Gasteiner Quellen sind, sofern sie an oder über Thermalwasserbecken bzw. Thermalwasserströmen vorkommen, weißgrau; abgefallene und längere Zeit im Thermalwasser gelegene Stücke sind häufig durch Eisenniederschläge braun; außerhalb der Quellursprünge im Freien vorkommende Epipetrien, wie z. B. in der Felsnische vor der Doktor-Quelle (Quelle Nr. VI) sind auf der Einfallseite des Lichtes gewöhnlich graugrün und diese, aber nur diese Seite der Warzensinter zeigt dann im Fluoreszenzlicht das dumpfrote Leuchten des Chlorophylls. Die Epipetrien von Hintertux sind gleichfalls von grauweißer Farbe; auch hier können in das Thermalwasser hineingefallene Stücke durch Eisenniederschläge einen bräunlichen Ton zeigen. Die Warzensinter von Kleinkirchheim sind ausgesprochen grau, an manchen Stellen, z. B. an der Hinterwand der Ursprungsnische, zeigen sie durch

Flechtenbewuchs einen rosafarbenen Ton. Am warmen Felsen über der Mitteregg-Quelle in Badgastein liegen an mehreren Stellen dunkelbraun gefärbte Epipetrien unmittelbar unter verfaultem Laub- und Holzwerk des Bodenhumus. Öfter ist die dunklere Färbung nur auf die oberen Kugelwölbungen der Kalkknöpfe beschränkt. Da an diesen Formen kein höherer Eisengehalt nachgewiesen werden konnte, stammt auch die Braunfärbung nicht davon her. Sie ist offenbar durch dunkel gefärbte organische Stoffe bedingt, die aus den verwesten Pflanzensubstanzen an der Oberfläche der Epipetrien adsorbiert worden sind. Als solche organische Stoffe kommen in Frage: die bei Sauerstoffzutritt sich rasch an der Luft dunkel anfärbenden Gerbstoffe, besonders in Blättern und Kernholzteilen, und die bei der Zersetzung des Holzes entstehenden, braun-violett gefärbten, huminähnlichen Stoffe des Ligninkomplexes. Auch Humusstoffe des Bodens können ebenso leicht adsorbiert werden. Diese *adsorptive Anfärbung von Epipetrien durch Pflanzen- und Bodenzersetzungsprodukte* konnte mehrmals in Badgastein, aber auch an der Großen Epipetrien-Quelle von Hintertux beobachtet werden. Die Braunfärbung von Epipetrien rührt also nicht immer nur vom Eisenoxydgehalt her, sondern kann auch rein organischen Ursprunges sein. Die *Konsistenz der Epipetrien* ist gleichfalls nach der jeweiligen Fundstelle verschieden; manche sind kreidig-weich und lassen sich

Die physikalischen und chemischen Eigenschaften der drei hier behandelten Thermen sind zum Abschluß in den Tab. 1 und 2 wiedergegeben.

Tab. 1. Physikalische Eigenschaften der Thermalquellen von Badgastein, Hintertux und Kleinkirchheim.

Ort	Quelle bzw. Austritt	Temperatur °C	Ergiebigkeit m³/24 h	Radongehalt mμC/l
Badgastein	Elisabeth-Quelle (Qu. Nr. IX) Hauptaustritt	46·3	1880	68
	Doktor-Quelle (Qu. Nr. VI) Hauptaustritt	44·5	95	48
	Fledermaus-Quelle (Qu. Nr. X) Sammelbecken	37·1	11	142
Kleinkirchheim	Augen-Quelle	20·2	32	12·7
Hintertux	Haupt-Quelle und große Epipetrien-Quelle	21·2	304	0·28

Anmerkung: Die hier wiedergegebenen Zahlen entstammen zum Teil eigenen Messungen, zum Teil den Zusammenstellungen bzw. Angaben bei *Windischbauer* (18), *Anderle* (19) und *Rippel* (14). Die Ergiebigkeitsangabe für die Augen-Quelle von Kleinkirchheim ist ein Mittelwert aus den Angaben bei *Anderle* (19).

Tab. 2. Chemische Zusammensetzung der Thermalquellen von Badgastein, Hintertux und Kleinkirchheim.

Bestandteile	Badgastein[1] Elisabeth-Quelle mg/kg	Hintertux[2] Haupt-Quelle und Große Epipetrien-Quelle mg/kg	Kleinkirchheim[3] Katharinen-Quelle mg/kg
Kationen:			
Kalium (K·)	3·4	1·301	0·714
Natrium (Na·)	77·6	7·113	1·48
Lithium (Li·)	0·22		
Ammonium (NH_4·)	0		
Calcium (Ca··)	21·5	32·64	35·5
Strontium (Sr··)	0·47		
Barium (Ba··)	0·014		
Magnesium (Mg··)	0·39	6·593	10·3
Ferro (Fe··)	0·42	0·119	0·154
Mangano (Mn··)	0·1		0·049
Aluminium (Al···)	0·2		0·115
Anionen:			
Nitrat (NO_3')	0		3·9
Nitrit (NO_2')	0·1		
Chlor (Cl')	25·7	4·154	1·84
Fluor (F')	4·95		
Sulfat (SO_4'')	130·1	40·77	29·0
Thiosulfat (S_2O_3'')	0·55		
Hydrophosphat (HPO_4'')	0·195		
Hydrocarbonat (HCO_3')	56·68	94·70	122·3
	322·59	187·390	205·352
Kieselsäure (meta) (H_2SiO_3)	75·4	14·96	18·2
Borsäure (meta) (HBO_2)	4·97		
	402·96	202·350	223·552
Freies Kohlendioxyd (CO_2)	5·4	8·246	7·6
	408·36	210·596	231·152

[1] Die Zahlen sind der ergänzten und umgerechneten Analysenausfertigung des Forschungsinstitutes Gastein in Badgastein mit Datum vom 10. Jänner 1951 entnommen.

[2] Entnommen der Analyse von *Rippel* (14) mit Datum vom 17. September 1941.

[3] Analyse nach dem Österr. Bäderbuch (16) von *Bamberger* mit Datum vom 23. Februar 1915; die Zusammensetzung der Augen-Quelle ist wahrscheinlich ähnlich. Eine in „Großdeutschlands Heilbäder, Seebäder, Kurorte und Versand-Heilwässer. Berlin: Reichsfremdenverkehrsverband 1939" angeführte Analyse mit Datum „nach 1919" ist wahrscheinlich bloß die falsch datierte Analyse von *Bamberger* und ist mit ihr zahlenmäßig identisch.

zwischen den Fingern zerdrücken. Andere wieder können fast glas-
hart und spröde sein. Von den Warzensintern der Gasteiner und der
Hintertuxer Quellaustritte wurden auch mehrere Dünnschliffe [1] angefertigt; sie alle ließen einen schaligen Bau erkennen.

2. Die Beteiligung von Blaualgen bei der Bildung der thermalen Warzen- und Knöpfchensinter.

Von den früher erwähnten Untersuchungen über die Beteiligung von Mikroorganismen bei der Sinterbildung sind im Zusammenhang mit dem vorliegenden
Bericht in erster Linie die Arbeiten von *Magdeburg* (8, 9) wichtig, da gerade dieser
Autor die gleichen Formen, wie wir sie fanden, eingehend behandelt hat. Gleich
unseren Epipetrien zeigten die Einzelindividuen, die *Magdeburg* in den Höhlen
der fränkischen Schweiz fand, eine deutlich konzentrische Schichtung, wobei die
Kalotten bei den harten Formen zirka 1/100 mm gegenseitigen Abstand hatten;
bei den weichen, mit dem Finger leicht zerdrückbaren Sinterwarzen war er größer.
Nach vorsichtigem Lösen der Kalkschalen mit äußerst verdünnter Salzsäure (0·002 n)
konnte *Magdeburg* die organischen Bestandteile als dünne Schleier abpipetieren,
färben und mikroskopisch untersuchen; zwischen Scheiden von Eisenbakterien
(Leptothrix ochracea Kütz. und Leptothrix crassa Chol.) fanden sich vor allem Reste
winziger einzelliger Blaualgen (Zellendurchmesser nur wenige Mikren), und zwar der
Chroococcaceen Aphanotece naegelii und Gloeocapsa biformis, die microcystis-
ähnliche Kolonien bildeten. Obwohl diese Algenzellen deutlich sichtbare Assimilations-
pigmente enthielten, war bei dem Lichtmangel an den Sinterfundorten eine Assimila-
tionstätigkeit auszuschließen; da Chroococcaceen aber auch ohne Licht bei Gegenwart
organischer Nährstoffe leben können, nahm *Magdeburg* an, daß die in der Lebensgemeinschaft der Epipetrien vorkommenden Eisenbakterien vielleicht das Nährmedium
für die Blaualgen liefern könnten. Auf Grund dieser Annahme erklärt *Magdeburg*
die Entstehung der Warzensinter in folgender Art: „Eisenbakterien, Vertreter der
Gattung Leptothrix sind in den meisten fränkischen Höhlen vorhanden und beklei-
den mit ihren Ablagerungen kleinere oder größere Flächen des Höhlenbodens, der
Decke und der Wände. An manchen Stellen sind sie — besonders L. ochracea — mit
einigen Chroococcaceen vergesellschaftet, die vielleicht in ihrer ganz oder teilweise
heterotroph gewordenen Ernährung von der Gegenwart der autotrophen Eisenbakterien abhängig sind. Diese Chroococcaceen erzeugen dann — entweder aktiv
durch physiologische Kalkfällung oder passiv, indem sie Kondensationsflächen des
Hydrokarbonat-führenden Sickerwassers darstellen — die kugelförmigen, kon-
zentrisch aufgebauten Tuffe des Höhleninneren". Die konzentrische Schichtung dieser
Tuffe erinnerte *Magdeburg* an periodische Wachstumsvorgänge; da die sonstigen
klimatischen Bedingungen in den Höhlen praktisch als konstant anzusehen sind,
nimmt dieser Autor als äußere Ursache der Periodizität des Bakterien-Algen-Wachstums
Schwankungen der Sickerwassermengen, einen Wechsel im Eisengehalt und dgl. an.

Wie schon erwähnt, bestehen zwischen Gestalt und Struktur der
von *Magdeburg* beschriebenen Sinterformen und den von uns an den
Thermalquellen gefundenen Epipetrien weitgehende Ähnlichkeiten.
Auch die örtlichen Bedingungen des Vorkommens sind in unserem
Falle analog, treten doch die thermalen Warzensinter hauptsächlich

---

[1] Für die Anfertigung der Dünnschliffe danken wir Herrn Prof. Dr. *Bruno
Sander*, Vorstand des Mineralogischen Institutes der Universität Innsbruck.

in höhlenartig abgeschlossenen Quellfassungen, Stollen, Felsspalten oder Felsnischen auf. Auch die erforderlichen Calcium-, Ferro- und Hydrocarbonationen sind nach Tab. 2 in unseren Thermalwässern vorhanden. So war es daher schon von vornherein wahrscheinlich, daß auch die thermalen Warzensinter unter Beteiligung einer ähnlichen Lebensgemeinschaft entstehen. Wir haben daher auch nach einer solchen durch Salzsäurebehandlung der Warzensinter gesucht, wobei allerdings wegen der festeren Struktur unseres Materiales die Anwendung einer stärkeren Salzsäure (mindestens 0·02 n) notwendig war, um wenigstens innerhalb von Tagen bis Wochen organisches Material zu gewinnen. Da in dieser langen Zeit auch fremde Mikroorganismen zur Entwicklung kamen, so haben wir bei Wiederholung der Lösungsversuche der Flüssigkeit $1^0/_{00}$ Sublimat zugesetzt, welches den Inhalt unserer Röhrchen auch steril hielt.

In dem vorsichtig abpipetierten Bodensatz aller untersuchten Warzensinter konnten nun tatsächlich — sowohl im Dunkelfeld als auch im Hellfeld — kleine runde Scheibchen von 2 bis 3 μ Durchmesser, und zwar einzeln liegend oder aber sehr häufig auch in traubenförmigen Nestern (ähnlich wie in Abb. 8 B) gefunden werden; Chlorophyll ließ sich in ihnen im Fluoreszenzmikroskop nicht mehr mit Sicherheit erkennen, trotzdem halten wir diese Gebilde nach Form, Größe und Anordnung sowie nach den Erfahrungen von *Magdeburg* (8, 9) für typische Cyanophyceen. Scheiden, die von Eisenbakterien stammen könnten, wurden in den Bodensätzen unserer Proben nur sehr spärlich gefunden und ließen sich nicht mit Sicherheit identifizieren. Von besonderer Bedeutung ist, daß es uns schließlich auch im Dünnschliff unvorbehandelter Warzensinter mit Immersionsvergrößerung gelang, trotz der mineralischen Struktur deutlich diese Zellen in nestartigen Anhäufungen zwischen den Kalkteilchen zu erkennen und einmal sogar eine typische Teilungsform (wie in Abb. 8 C) aufzufinden.

Ein glücklicher Zufall verschaffte uns überdies auch die Cyanophyceen ohne Salzsäurebehandlung der Sinter in einer bereits mikrotomschnittfertig eingebetteten Form. Im Fledermaus-Stollen von Badgastein fanden wir nämlich, auf einem Felsvorsprung abgestellt, ein Restchen einer Kerze[1], die sich offenbar schon sehr lange Zeit im Stollen befunden haben mußte und auf deren Rand sich bis zu 5 mm hohe Epipetrien angesiedelt hatten (Abb. 7), im übrigen wieder ein Beweis dafür, daß diese Gebilde nicht der Unterlage entstammen, son-

---

[1] Herrn Prof. Dr. *E. Hayek,* Vorstand des Chemischen Universitätsinstitutes in Innsbruck, danken wir für die Freundlichkeit, das Material dieser Kerze zu untersuchen; nach seinen Feststellungen besteht sie aus einem Gemisch gleicher Teile von Stearin und Paraffin.

dern nur durch Kalkausscheidung aus dem Thermalwasser entstehen konnten. Es bestand nun die Möglichkeit, daß die an der Epipetrien-

bildung beteiligten Algen vielleicht auch in das Kerzenmaterial selbst eingedrungen und dort in Mikrotomschnitten nachweisbar sein würden. Das Stearin-Paraffin ließ sich gut verarbeiten und tatsächlich zeigten sich in den radial gegen den Kerzendocht gerichteten Schnitten von oben nach unten verlaufende Stränge aus pflanzlichem Material, dessen sehr kleine Elemente allerdings nur mit Immersionsvergrößerung genauer untersucht werden konnten; die wichtigsten der im mikroskopischen Bild gefundenen Bestandteile sind in Abb. 8 aus drei verschiedenen Gesichtsfeldern zusammengestellt. Am unteren Ende der Schnitte, also nahe der Bodenfläche des Kerzenstummels, fand sich nur ein Gewirre dünner, gelbbraun ge-

Abb. 7. Kerzenstummel aus der Fledermaus-Quelle (Quelle Nr. X) in Badgastein (Salzburg), auf dessen Rand und Docht sich Epipetrien angesiedelt haben. Rund 2 fache natürl. Größe.

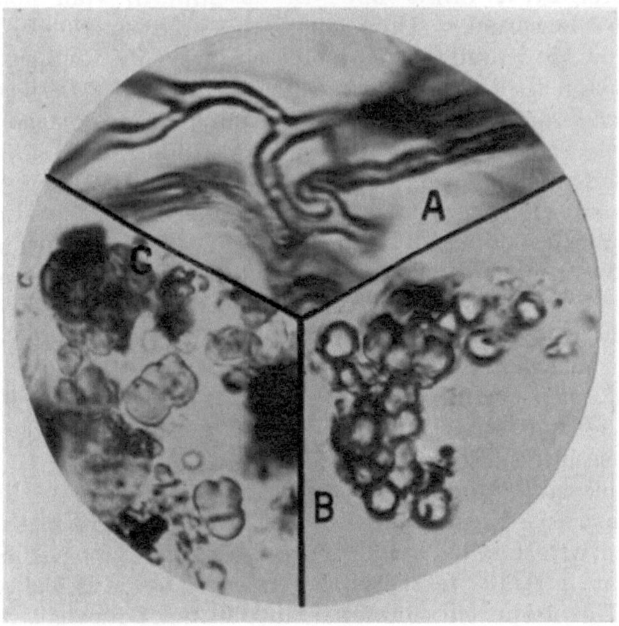

Abb. 8. Drei Gesichtsfeldausschnitte (A, B, C) aus Mikrotomschnitten durch die Kerze von Abb. 7; Zeiss-Apochromat-Immersion 90 ×, Zeiss-Photookular 9 ×, Miflex-Aufsatz-Kamera und Contax, 4 fache Nachvergrößerung. Ges.-Abb.-Maßstab 1620:1. A Moos-Protonema; B Nester niederer Cyanophyceen; C Teilungsformen der Cyanophyceen.

färbter, vielfach gewundener und verzweigter Schläuche mit *deutlich schräggestellten Querwänden* und mit einem Durchmesser von 1 bis 1·5 μ (Abb. 8 A), das nach oben zu immer lockerer wurde und schließlich fast ganz aufhörte. Mit dem allmählichen Verschwinden der Schläuche traten aber dafür, nach oben an Häufigkeit zunehmend, Nester von leicht grünlich gefärbten, kugeligen, algenartigen Gebilden mit einem Durchmesser von 2 bis 3 μ auf (Abb. 8 B), die an manchen Stellen deutlich auch Teilungsformen (Abb. 8 C) zeigten. Am oberen Ende der Schnitte, also gegen die Epipetrien zu, waren neben nicht mehr identifizierbarem pflanzlichem Detritus fast nur mehr diese kleinen rundlichen Gebilde vorhanden, deren Gestalt, Größe, Färbung und Teilungsfähigkeit — trotz der vielleicht durch den Materialwiderstand bedingten, nicht immer ganz typischen Teilungsformen —, sie als niedere Blaualgen erscheinen ließen. Daß es sich tatsächlich um pflanzliche Zellen handeln muß, ergab die Prüfung im Fluoreszenzmikroskop mit leichtem UV.-Filter, in welchem sie, ihrem Chlorophyllgehalt entsprechend, mit schwacher, aber deutlich roter Fluoreszenz aufleuchteten, ebenso wie übrigens auch die Mehrzahl der in den unteren Teilen der Schnitte vorkommenden Schläuche. Die Herren Prof. Dr. *H. Gams* bzw. Dr. *Pitschmann* vom Botanischen Institut der Innsbrucker Universität beurteilten das mikroskopische Bild, wofür wir besonders danken. Nach ihrer Meinung gehören die Cyanophyceen den Gruppen der Chroococcalen oder Dermocarpalen an, während es sich bei den Schläuchen um Moosprotonema handelt. Da sich die letzteren vorwiegend unten befinden, sind sie offenbar von der Felsunterlage aus, auf der die Kerze abgestellt war, in den Kerzenboden und dann höher hinauf eingewachsen, während die vorwiegend in den oberen Teilen der Schnitte sich vorfindenden Blaualgen mit vom Stollenfirst heruntergefallenen Wassertropfen auf die ehemalige Abbrennfläche der Kerze gelangten, dort einerseits die Epipetrien zur Entwicklung brachten, anderseits sich nach unten zu in das Kerzenmaterial vorarbeiteten. Es kann daher wohl fast mit Sicherheit angenommen werden, daß wir es auch bei den Blaualgen von Abb. 8 B und C mit jenen zu tun haben, welche an der Bildung der Warzensinter beteiligt sind.

Nach diesen Befunden darf wohl auch für unsere thermalen Warzensinter eine Entstehung unter Mitwirkung von Blaualgen angenommen werden. Um welche Formen es sich dabei handelt, wird später ein Spezialist festzustellen haben. Die Cyanophyceen an unseren Thermalquellen brauchen im übrigen durchaus nicht die Eisenbakterien als Basis für eine heterotrophe Ernährung, da sie praktisch an allen Fundorten mehr oder weniger Licht für den Assimilationsprozeß zur Verfügung haben. Vollkommen im Freien ent-

standen von den Epipetrien des Gasteiner Gebietes jene an den Felswänden neben dem Hauptaustritt der Doktor-Quelle, über der
Mitteregg-Quelle und am Radhausberg, ferner die Sinter von Hintertux; in einem sicher ausreichenden Dämmerlicht bildeten sich die
Warzensinter der Fledermaus-Quelle in Badgastein und die der
Augen-Quelle in Kleinkirchheim; die Fassungen der Doktor-Quelle und
der neuen Franzens-Quelle in Badgastein sind allerdings gewöhnlich
dunkel, erhalten aber bei den wöchentlichen Quellenmessungen und
auch bei sonstigen Untersuchungen dazwischen immer wieder Tageslicht; die Fassung des Hauptaustrittes der Elisabeth-Quelle in Badgastein schließlich liegt zwar im Inneren eines langen Stollens, wird
aber bei den Quellenmessungen und den Quellenführungen immer
wieder durch eine in die Fassung selbst eingebaute elektrische Glüh-
birne beleuchtet. Ob nun der Assimilationsprozeß selbst aktiv zur
Kalkausscheidung führt oder ob daneben oder vielleicht ausschließ-
lich das organische Material passiv nur als Substrat zur Aufnahme
und zur Verdunstung des hydrokarbonathaltigen Wassers dient, soll
hier nicht entschieden, sondern einer späteren Untersuchung vor-
behalten werden. Besonderes Interesse gewinnen diese Warzensinter
aber jetzt schon dadurch, daß sie *Uran* anzureichern in der Lage
sind, worüber im folgenden Abschnitt berichtet wird.

Am Schluß sei nur noch auf folgendes verwiesen. *Magdeburg* (8) hat zur Erklärung des geschichteten Aufbaues der einzelnen Epipetrien angenommen, daß
offenbar Schwankungen im Sickerwasser der von ihm untersuchten Höhlen oder
auch Schwankungen im Eisengehalt des Wassers ursächlich sind, da die übrigen
Bedingungen des lokalen Höhlenklimas kaum eine Veränderung erleiden dürften.
Für die Warzensinter an der Litoralzone der Fledermaus-Quelle in Badgastein, deren
Alter mit heute höchstens 20 Jahren feststeht, können wir mit Sicherheit lokale Klima-
schwankungen nachweisen, die. wohl auch das periodische Wachstum erklären.
Darauf wird *Grabherr* jedoch in einer eigenen Mitteilung eingehen.

3. Der Uran-Nachweis in den Epipetrien.

Obwohl das *Gasteiner* Thermalwasser hochradioaktiv ist, reichlich
gelöstes Radon, zum Teil aber auch gelöste feste Radiumverbindun-
gen enthält, ist das Mutterelement der Radium-Zerfallsreihe, das Uran,
in ihm selbst noch nie nachgewiesen worden; das Fehlen des Urans
war für *Mache* (21) auch einer der Gründe, einen besonderen Her-
kunftsmechanismus für die Radioaktivität der Gasteiner Therme anzunehmen. Allerdings hat sich seither das Bild geändert. *Karlik*
konnte für die Untersuchungen von *Dittler* und *Abrahamczik* (22)
Uran in einem braunen Sediment der Gasteiner Therme nachweisen,
im sogenannten Reißacherit, der vorwiegend aus Eisen- und Mangan-
oxyd nebst zahlreichen Spurenelementen besteht, darunter auch
$1 \cdot 1 \cdot 10^{-5}$ g U je Gramm des getrockneten Quellschlammes. Uran
sollte deshalb wohl auch im Gasteiner Quellwasser selbst enthalten

sein. Weiters hat Betriebsleiter *K. Zschocke* der Gewerkschaft Radhausberg beim Aufschluß des in den Jahren 1940 bis 1944 vorgetriebenen Radhausberg-Unterbaustollens bei Böckstein (4 km südlich von Badgastein) erstmalig im Gasteiner Gebiet sekundäre Uranmineralien in hauchdünnen Anflügen in Klüften entdeckt, die sich durch ihre gelbgrüne Fluoreszenz im filtrierten ultravioletten Licht zu erkennen geben [1]. Da nach weiteren Befunden auch im Radhausberg ein Vorkommen von Thermalwasser anzunehmen war und die Uranabscheidung ebenso wie die sonstigen Begleitmineralien der Klüfte — dieselben wie an den Quellaustritten in Badgastein — hydrothermal entstanden sind (vgl. dazu *Scheminzky* [23, 25]), war es naheliegend, auch andere Quellabsätze der Gasteiner Therme auf ihren Urangehalt zu prüfen. Tatsächlich konnten wir an Stücken aus der Fledermaus-Quelle in Badgastein (Quelle Nr. X) eine deutlich gelbgrüne Fluoreszenz und mit dem Spektroskop auch im Fluoreszenzlicht die charakteristischen Uranbanden, vor allem die Hauptbande zwischen 550 und 570 mμ erkennen. Das Spektrum dieses fluoreszierenden Kalksinters ist inzwischen auch von *Haberlandt*, *Hernegger* und *Scheminzky* (24) beschrieben und abgebildet worden. Eine solche gelbgrüne Eigenfluoreszenz zeigte allerdings nur der Warzensinter aus der Fledermaus-Quelle, und zwar wieder nur jener an den Felswänden, der zu einer etwa 5 bis 8 mm dicken höckerigen Kruste konfluiert und somit wahrscheinlich sehr alt war; die erst in den letzten 20 Jahren in der Fledermaus-Quelle an den Rändern des seither entstandenen, schon erwähnten Thermalwasserbeckens aufgetretenen Epipetrien, ebenso wie alle der *anderen Gasteiner Quellaustritte*, ließen nur das weißliche Leuchten des Kalksinters allein oder auch gar keine Fluoreszenz erkennen. Ebensowenig zeigten die Epipetrien von Hintertux oder Kleinkirchheim irgendeine bemerkenswerte Eigenfluoreszenz. Als wir 1947 erstmalig die Uranfluoreszenz an bestimmten Stücken aus der Fledermaus-Quelle in Badgastein fanden, prüften wir diese auch mit der Natriumfluoridperle nach *Hernegger* (26) bzw. *Hernegger* und *Karlik* (27) und fanden damit den Urangehalt dieses Sinters neuerlich bestätigt; Kontrollproben mit den überhaupt nicht oder nur rein weiß fluoreszierenden Stücken aus der Fledermaus-Quelle und den anderen Quellaustritten von Badgastein gaben jedoch gleichfalls *eine positive Uranreaktion*. Dasselbe Ergebnis erhielten wir auch mit den Epipetrien von den Thermalquellenursprüngen in *Hintertux* (Tirol) und *Kleinkirchheim* (Kärnten).

---

[1] *K. Zschocke* hat seine Funde nicht publiziert; auf sie wurde jedoch bereits bei *Scheminzky* (23) hingewiesen. Eine erste Untersuchung dieser und anderer Uranminerale hinsichtlich ihres Fluoreszenzvermögens und ihres Fluoreszenzspektrums wurde von *H. Haberlandt*, *F. Hernegger* und *F. Scheminzky* (24) veröffentlicht.

Wie bekannt, wird bei dem Verfahren von *Hernegger* (26) bzw. *Hernegger* und *Karlik* (27) eine kleine Menge des Prüfmateriales zusammen mit reinstem Natriumfluorid (etwa 25 mg Gemenge) in einer Platinöse zu einer Perle geschmolzen, die nach dem Erkalten im filtrierten ultravioletten Licht die gelbgrüne Uranfluoreszenz mit den charakteristischen Banden im Spektroskop erkennen läßt. Die sehr empfindliche Probe ist allerdings nur dann eindeutig, wenn das Uran chemisch von Nebenbestandteilen abgetrennt wird oder diesen gegenüber stark überwiegt, welche Nebenbestandteile die Farbe des Fluoreszenzlichtes verändern oder die Lumineszenz schwächen oder sogar gänzlich auslöschen können (*Hernegger* [26] sowie *Lahner* [28]). In den Epipetriensintern mit Eigen-Uran-Fluoreszenz aus der Fledermaus-Quelle von Badgastein (Quelle Nr. X) ist offenbar viel Uran vorhanden, denn die mit dem Sintermaterial geschmolzene Natriumfluoridperle fluoresziert nicht nur sehr hell, sondern ist auch eindeutig positiv — sowohl hinsichtlich der Fluoreszenzfarbe als auch des Spektrums — ohne daß eine Isolierung des Urans nötig wäre. Bei den übrigen Epipetrien aus Badgastein, Hintertux und Kleinkirchheim, deren Urangehalt sich *nicht* in einer Uran-Eigenfluoreszenz äußert, zeigt die Perle keine rein gelbgrüne, sondern nur eine mehr oder weniger grüne Farbe, die durch die Kalkbeimischung bedingt ist. Auch das Fluoreszenzspektrum — aufgenommen mit dem Contax-Spektrographen nach *Scheminzky* (29) — zeigt nur wie in Abb. 9 A

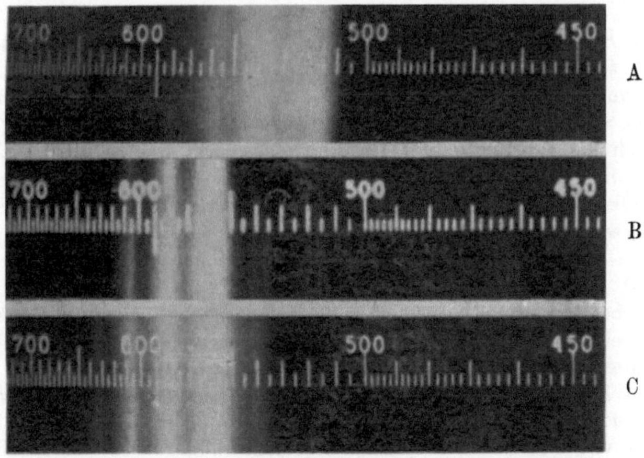

Abb. 9. Fluoreszenzspektren von Natriumfluoridperlen; A mit unveränderter Epipetriensubstanz der Augen-Quelle von Kleinkirchheim (Kärnten); B mit dem Rückstand nach Salzsäurebehandlung des gleichen Materiales; C Vergleichs-(Standard-)Perle mit einem Urangehalt von 10⁻⁶ g in 25 mg Natriumfluorid. In A ist die sonst stärkste Uranbande zwischen 550 und 570 mμ auf 555—570 mμ eingeengt und relativ schwach, die Kalkbanden mit den kurzwelligen Kanten bei 513 und 532 mμ dominieren; nach Entfernung des Kalkes durch die Salzsäurebehandlung treten jedoch die Hauptbande des Urans und seine übrigen Banden im Spektrum B deutlich und charakteristisch hervor.
(Aufnahme mit dem Contax-Fluoreszenzspektrographen.)

bloß *eine* breite Bande, in der sich Einzelbanden nicht so gut unterscheiden lassen wie bei einer kalkfreien Natriumfluoridperle (z. B. Abb. 9 C); dennoch ist auch trotz des Kalkgehaltes (Abb. 9 A) die Hauptbande des Urans zwischen 555 und 570 mμ vom kurzwelligeren Fluoreszenzlicht des Kalkes abzutrennen, in ihrer Intensität allerdings so gedrückt, daß sie nicht mehr die lichtstärkste Bande des ganzen Spektrums darstellt. Auf diese Eigentümlichkeiten des Fluoreszenzspektrums von Uran in Calciumfluorid — das sich offenbar auch hier teilweise beim Zusammenschmelzen des Epipetrienkalkes mit dem Natriumfluorid bildet — hat bereits *Slattery* (30) aufmerksam gemacht.

An sich würde wohl auch schon eine grüne Fluoreszenz einer kalkhaltigen Perle auf einen Urangehalt hinweisen, da der Kalk allein nur weiß fluoresziert, eine Grünfluoreszenz für ein Calcium-*Uran*-Gemisch charakteristisch ist und im Spektrum (Abb. 9 A) die Uran-Hauptbande noch erkennbar bleibt; trotzdem schien es wünschenswert, den Urangehalt noch eindeutiger nachzuweisen. Um zunächst in einem Schnellverfahren die umständliche chemische Abtrennung des Urans zu umgehen, wurde versucht, den Kalk mit chemisch reiner Salzsäure wegzulösen und mit dem Rückstand eine neue Natriumfluoridperle anzufertigen; ein solcher nicht salzsäurelöslicher Rückstand war wegen der Beteiligung von Algen beim Aufbau des Epipetriums und wegen des von anderen Kalksintern her bekannten und auch hier wahrscheinlichen Kieselsäuregehaltes zu erwarten und es durfte auch gehofft werden, daß ein Rest des Urans trotz seiner Löslichkeit in Salzsäure in diesem Rückstand verbleiben würde. Diese Hoffnung hat sich, wie Abb. 9 B zeigt, auch tatsächlich bestätigt.

Abb. 9 A gibt das Fluoreszenzspektrum einer Natriumfluoridperle mit unvorbehandeltem Epipetrienmaterial aus *Kleinkirchheim* wieder. In eine nicht fluoreszierende Leerperle aus 18·75 mg NaF wurden nach und nach 6·25 mg feinst gepulvertes Epipetrienmaterial aufgenommen. Das Fluoreszenzspektrum der nun 25 mg schweren Perle zeigt, wie schon erwähnt, die breite Bande des uran- *und* kalkhältigen Fluorides, in der sich die Hauptbande des Urans zwischen 555 und 570 mμ gerade noch erkennbar sondert. Daraufhin wurde gleiches Material für ein paar Stunden in 10%ige reinste Salzsäure gelegt, der Rückstand auf dem Filter mehrfach mit destilliertem Wasser gewaschen und nach Lufttrocknung — in ähnlicher Weise wie oben beschrieben — in eine nicht fluoreszierende Leerperle aufgenommen. Unter der Quarzlampe trat jetzt eine deutlich *grüngelbe* für Uran in NaF ohne wesentlichen Gehalt an Nebenbestandteilen charakteristische Fluoreszenz auf und das Spektrum in Abb. 9 B zeigt jetzt auch die typischen Uranbanden, wie sich aus dem Vergleich mit den darunter abgebildeten Fluoreszenzspektrum der Standardperle in Abb. 9 C — enthaltend 10^{-6} g U in 25 mg NaF — ergibt; entsprechend der geringeren Helligkeit der Perle des Spektrums B gegenüber der Perle des Spektrums C in Abb. 9 ist nur bei B die vierte der Uranbanden — in Richtung gegen die langwellige Seite gezählt — bloß angedeutet, während sie bei C selbst in der Reproduktion noch erkennbar bleibt. Der Unterschied zwischen den Spektren A und B ist dagegen sehr auffallend; nach der Salzsäurebehandlung (Spektrum B) sind die vom Calciumfluorid herrührenden, fast konfluierenden beiden Banden mit der kurzwelligen Kante bei 513 und 532 mμ des Spektrums A fast ganz verschwunden, die im Spektrum A auch nur schwache Hauptbande des Urans ist jetzt im Spektrum B zur lichtstärksten

Bande geworden und hat sich außerdem nach der kurzwelligen Seite hin von 555 mμ (Spektrum A) bis auf 550 mμ (Spektrum B) verbreitert.

Nachdem mit dem erwähnten Schnellverfahren der Urannachweis in allen Epipetrien der untersuchten Thermalquellen — von Badgastein, Hintertux und Kleinkirchheim — qualitativ gesichert war (2), wurden die Warzensinter auch in *quantitativer Hinsicht* **untersucht** [1].

Vom gepulverten Epipetrienmaterial wurde je ein Gramm mit Soda aufgeschlossen; nach Lösung des Aufschlusses in Salzsäure wurde die Kieselsäure abfiltriert und das Eisen im Filtrat mit Ammoniak gefällt, bei geringem Eisengehalt des Ausgangsmateriales nach vorherigem Zusatz von Eisenchlorid. Der abfiltrierte, auch das Uran enthaltende Eisenniederschlag wurde wieder in Salzsäure gelöst, mit einem Überschuß von Ammonkarbonat bei 85 bis 90° C gefällt und neuerlich abfiltriert. Das Uran ist jetzt im Filtrat enthalten, wurde durch Eindampfen zur Trockene gebracht, mit 1 g Natriumfluorid und einigen Tropfen Fluorwasserstoffsäure versetzt, abgeraucht und schwach geglüht. Im Platintiegel befinden sich dann 1 g NaF + die aus dem Ausgangsmaterial gewonnene Uranmenge; nachdem die letztere in die Größenordnung von etwa 10^{-4} bis 10^{-6} g fällt, kann man sie gewichtsmäßig ohne wesentlichen Fehler vernachlässigen und annehmen, daß sich die Uranmenge von 1 g Sintermaterial nunmehr in 1 g Natriumfluorid befindet. Die Schmelze wurde in der Achatschale fein gepulvert, eine abgewogene Menge von 25 mg mit einer Pastillenpresse zur Pastille geformt und in der Platinöse zur Perle geschmolzen.

Die Fluoreszenz der so hergestellten Prüfperlen läßt sich in verschiedener Weise quantitativ auswerten. Nach dem Verfahren von *Hernegger* (26) bzw. *Hernegger* und *Karlik* (27) kann dies unter Heranziehung von Standardperlen mit bekanntem Urangehalt auf photometrischem Weg erfolgen. Wir haben uns, ähnlich wie *Erlenmeyer, Opplinger, Stier* und *Blumer* (31), mit der wesentlich einfacheren Methode des bloß visuellen Vergleiches der Prüfperle mit zwei in ihrem Urangehalt um eine Größenordnung unterschiedenen Standardperlen begnügt, da es uns in erster Linie auf die Feststellung der Größenordnung ankam. Eine übertriebene Genauigkeit erscheint uns im vorliegenden Fall auch deshalb ohne Bedeutung, da die Erfahrung zeigt, daß verschiedene Epipetrien selbst des gleichen Standortes größere Abweichungen im Urangehalt aufweisen können, als sie durch die Fehler der vereinfachten Bestimmungsmethode zustande kommen. Wir haben uns daher durch Mischen einer gewogenen Menge reinsten Natriumfluorides mit einer Lösung von Uranylnitrat bekannter Konzentration im Platintiegel zu einem Brei, dann durch Zusatz einiger Tropfen Fluorwasserstoffsäure, Eindampfen bis zur Trockene und leichtem Glühen Eichsubstanzen hergestellt, welche je Gramm Natriumfluorid 10^{-3}, 10^{-4}, 10^{-5}, 10^{-6} oder 10^{-7} g Uran enthielten. Selbstverständlich müssen Prüf- und Standardperlen im Gewicht und in den räumlichen Dimensionen einander gleich sein. Daher wurden von den Prüf- und den Eichsubstanzen jeweils 25 mg abgewogen, zur leichteren Übertragung in die Platinöse vorerst in einer Pastillenpresse zu einer kleinen Pastille zusammengedrückt und nachgewogen. Das Einschmelzen geschah in Ösen von 3 mm Durchmesser, deren Beständigkeit durch Verlötung mit Gold unter der Lupe mit einem kleinen elektrischen Schweißgerät gesichert war. Auch die Einschmelzzeit der Pastillen in die Öse wurde bei allen Perlen gleich lang gewählt. Unter der Quarzlampe — Kleinanalysenlampe S 100 von Hanau — erfolgte dann über tiefschwarzem Untergrund und bei Abwesenheit fluoreszierender Objekte in der Umgebung der Ver-

---

[1] Herrn Ing. *E. Komma* danken wir herzlich für die Durchführung der Aufschlußarbeiten und die Anfertigung der Eichsubstanzen.

gleich der Prüfperle mit den Standardperlen in der Art, daß links und rechts von der ersten die jeweils nächst stärker bzw. nächst schwächer leuchtende Standardperle gehalten wurde. Trotz der Einfachheit des Verfahrens läßt sich ohne weiteres die gleiche Helligkeit von Prüf- und Standardperlen erkennen oder aber abschätzen, ob bei Ungleichheit eine Prüfperle näher zur schwächer oder näher zur stärker fluoreszierenden Standardperle liegt.

Da das gesamte, in 1 g Epipetrienmaterial enthaltene Uran in 1 g NaF übergeführt wurde und die Eichwerte der Standardperlen sich gleichfalls auf den Urangehalt in 1 g NaF beziehen, so ergibt in unserem Fall der Vergleich sofort den Urangehalt pro 1 g Epipetrium. Für einige der untersuchten Proben sind die Absolutwerte in Tab. 3 angeführt.

Tab. 3. Urangehalt der untersuchten Warzensinter.

Herkunft des Sinters	Urangehalt je 1 g Epipetriensubstanz 10^{-6} g
Badgastein, Fledermaus-Quelle, fluoreszierender Sinter	1000
Badgastein, Fledermaus-Quelle, Litoralzone	50
Hintertux, Große Epipetrien-Quelle	30
Badgastein, Elisabeth-Quelle, Hauptaustritt	10
Badgastein, Doktor-Quelle, Hauptaustritt	5
Kleinkirchheim, Augen-Quelle, Umgebung der Kanalöffnung	1

Wir haben außerdem eine größere Zahl von Epipetrienproben, ferner Untergrundgestein und Wasserproben im Juli 1949 Herrn Dr. *F. Hernegger* übergeben, der den Urangehalt der Sinter und der Gesteine mit der genaueren Methode am Institut für Radiumforschung in Wien untersuchen, ferner auch den Uran- und Radiumgehalt der drei Thermalwässer bestimmen und seine Ergebnisse nach Abschluß der Arbeiten getrennt veröffentlichen wird.

Besprechung der Ergebnisse.

Die vorliegende Untersuchung hat ergeben, daß der von uns an den Ursprüngen von drei österreichischen Thermen aufgefundene, bisher unbeachtet gebliebene Warzen- und Knöpfchensinter, der zweifellos unter Mitwirkung biologischer Vorgänge zur Abscheidung kommt, bemerkenswerte Mengen von Uran enthält; da dieses Uran nur aus dem Thermalwasser selbst stammen kann, ist damit indirekt auch das Vorkommen von Uran in den Quellen von Badgastein, Hintertux und Kleinkirchheim nachgewiesen. Für die Gasteiner Therme war ein solches Vorkommen nach dem Urannachweis durch *Karlik* im Reiß-acherit der Elisabeth-Quelle (vgl. *Dittler* und *Abrahamczik* [22]) bereits anzunehmen, für die Thermalquellen von Hintertux und Kleinkirchheim war aber bisher von einem Urangehalt noch nichts bekannt gewesen. Wie groß der Urangehalt — und auch der Radiumgehalt — in den einzelnen Quellaustritten tatsächlich ist, wird sich erst aus den im Gang befindlichen Untersuchungen von *Hernegger* ergeben. Diese werden auch zeigen, welche Beziehungen zwischen der Radioaktivität der Wässer und dem Urangehalt der sich an ihnen entwickelnden Warzensinter bestehen.

Eine Beziehung zwischen dem Radongehalt der Wässer und dem Urangehalt der zugehörigen Epipetrien kann jetzt schon ausgeschlossen werden. So ist z. B. nach Tab. 3 der Urangehalt der Epipetrien von Hintertux (Große Epipetrien-Quelle) größer als der von der Elisabeth-Quelle (Quelle Nr. IX) in Badgastein; nach Tab. 1 steht aber die Radonkonzentration der Hintertuxer Therme mit $0.9 \, \text{m}\mu\text{C}/\text{l}$ (Messung 1910) bzw. $0.28 \, \text{m}\mu\text{C}/\text{l}$ (Messung 1941) zu dem Wert von $68 \, \text{m}\mu\text{C}/\text{l}$ für die Elisabeth-Quelle in Badgastein in gar keinem Verhältnis; geordnet nach der Radonkonzentration wäre ferner nach der Elisabeth-Quelle von Badgastein sogleich die Therme von Kleinkirchheim mit $12.7 \, \text{m}\mu/\text{l}$ einzureihen, deren Epipetrien aber weit weniger Uran enthalten als die der in radiologischer Hinsicht fast vollkommen inaktiven Therme von Hintertux. Dagegen ist wohl eine Beziehung zwischen dem Urangehalt der Epipetrien und dem Uran-, vielleicht auch dem Radiumgehalt der Thermalwässer, anzunehmen, weshalb die Ergebnisse *Herneggers* mit großem Interesse zu erwarten sind.

Daß Uran in natürlichen Wässern, auch in Heilquellen, vorkommt, ist aus zahlreichen Literaturangaben bekannt. In Tab. 4 sind einige Beispiele zusammengestellt, wobei wegen eines später noch durchzuführenden Vergleiches neben den üblicherweise angegebenen Werten für einen Liter Wasser auch noch die Zahlen für einen Kubikzentimeter angeführt sind. Zu den in Tab. 4 genannten uran-

Tab. 4. Urangehalt verschiedener natürlicher Wässer.

Wasserprobe	Urangehalt		Literatur
	je Liter 10^{-6} g	je 1 ccm 10^{-6} g	
Bad Schallerbach (O.-Ö.), Schwefeltherme	93	0·093	
Franzensbad, Dr. Cartellieri-Quelle	48	0·048	
Prosauer-Sauerbrunn	16	0·016	
Karlsbad, Sprudel	12	0·012	Hoffmann (32)
Karlsbad, Mühlbrunn	10	0·01	
Baden bei Wien, Marien-Quelle	3·76	0·00376	
Baden bei Wien, Römer-(Ursprungs-)Quelle	2·8	0·0028	
Meerwasser der schwedischen Westküste	2·3 –0·36	0·0023 –0·00036	Hernegger und Karlik (27)

Wasserprobe	Urangehalt		Literatur
	je Liter 10—6 g	je 1 ccm 10—6 g	
Franzensbad, Kaiser-Quelle	2·0	0·002	
Marienbad, Kreuzbrunn	2·0	0·002	
Pyrawarth (N.-O.), Sofien-Quelle	1	0·001	Hoffmann (32)
Pyrawarth (N.-Ö.), Quelle d. Wirtschaftsraumes	0·4	0·0004	
Teplitz-Schönau, Urquelltherme	0·4	0·0004	
Rhein-Wasser	0·2	0 0002	Erlenmeyer, Opplinger, Stier u. Blumer (31)
Pyrawarth (N.-Ö.), Maschinenhaus-Quelle	0·1	0·0001	Hoffmann (32)
Franzensbad, Stahl-Quelle	0·018	0·000018	

haltigen Heilquellen kommen nun auch noch die Thermen von Badgastein, Hintertux und Kleinkirchheim hinzu. Ob allerdings der Urangehalt irgendeine Bedeutung in therapeutischer Hinsicht hat, müssen erst biologisch-physiologische Untersuchungen zeigen; jedenfalls liegt der bisher bekannte Urangehalt von Heilquellen wesentlich unter jenen Urandosen, die in den Pflanzenversuchen von *Stocklasa* (33) einen positiven biologischen Effekt ergaben.

Eine andere Frage ist die, warum bestimmte Warzensinter, wie z. B. die von den Felswänden im Fledermaus-Stollen von Badgastein, im filtrierten ultravioletten Licht eine Uran-Eigenfluoreszenz zeigen, die anderen Epipetrien mangelt. Nach Tab. 3 enthält der fluoreszierende Sinter der Fledermaus-Quelle allerdings den höchsten Urangehalt. Es ist aber — ohne der Uranbestimmung in den Gasteiner Thermalwässern durch *Hernegger* vorgreifen zu wollen — nicht sehr wahrscheinlich, daß der Austritt in der Fledermaus-Quelle um so viel mehr Uran enthält, als z. B. der Wasseraustritt in der Elisabeth-Quelle oder in der Doktor-Quelle. Wahrscheinlich liegt die Ursache des höheren Urangehaltes und damit der Eigenfluoreszenz bei Warzensintern der Fledermaus-Quelle einfach in der jahrhundertelangen Zeit, während welcher dieser Gasteiner Quellaustritt in keiner Weise verändert wurde und während welcher sich eine entsprechend große Uranmenge in den konfluierenden Epipetrien einbauen konnte; denn alle anderen Quellaustritte in Gastein sind jedenfalls kaum länger als einige Jahrzehnte vor größeren Änderungen und Neufassungen bewahrt geblieben. Jahrhundertelang scheint auch der Austritt der Augen-Quelle in Kleinkirchheim ungestört gewesen zu sein; wenn trotzdem dort bis jetzt keine Warzensinter mit einer Eigenfluoreszenz gefunden worden sind, so mag dies entweder mit einem geringeren Urangehalt oder mit der niedrigen Temperatur der Quelle zusammenhängen (Fledermaus-Quelle in Badgastein 37·1⁰ C, Augen-Quelle in Kleinkirchheim 20·2⁰ C). Wir möchten eher die niedrige Temperatur dafür verantwortlich machen; denn trotz des wahrscheinlich praktisch gleichen Alters der jetzigen Zustände im Fledermaus-Stollen und im Kanal der Augen-Quelle findet man im letzteren nirgends dicke, aus konfluierten Epipetrien entstandene Warzensinter, wie sie an den Felswänden des Fledermaus-Stollens fast die Regel darstellen. Der Gehalt an

Calcium und an Hydrocarbonat ist beim Thermalwasser von Kleinkirchheim sogar größer als bei dem von Badgastein, so daß auch keine chemischen Ursachen für eine weniger starke Sinterbildung gegeben sind.

Weiters drängt sich bei Überlegung der berichteten Ergebnisse noch die Frage auf, ob der Urangehalt der Epipetrien gegenüber sonstigen Gesteinen überhaupt bemerkenswert ist. Vergleicht man die Zahlen der Tab. 3 zunächst mit der mittleren Urankonzentration der Erdrinde, die von *Ernst* (34) mit $4 \cdot 10^{-6}$ g U/g Gestein angegeben wird, so findet man, daß fast alle Epipetrienproben mehr als den Durchschnittswert enthalten. Dieser Vergleich ist allerdings nicht ganz zulässig; denn z. B. zeigen Erstarrungsgesteine meistens einen Urangehalt *über* dem Durchschnitt, während er bei den mit den Epipetrien chemisch vergleichbaren Gesteinen jedenfalls weit unter dem Durchschnitt liegt. So enthalten beispielsweise nach *Lahner* (28) Kalke nur $0\cdot012$ bis $0\cdot065 \cdot 10^{-6}$ g U/g Gestein, Dolomite nur $0\cdot086$ bis $0\cdot556 \cdot 10^{-6}$ g U/g Gestein, Korallensand $0\cdot76$ bis $0\cdot83 \cdot 10^{-6}$ g U/g Gestein. Im Vergleich mit diesen Gesteinen sind jedenfalls die Sinter nach Tab. 3 *reicher* an Uran. Diese Feststellung führt zwanglos auch zur Erörterung, ob die Uranaufnahme in die Epipetrien einfach dem Konzentrationsgleichgewicht zwischen Thermalwasser und abgeschiedenem Sinter entspricht, oder ob hier eine ausgesprochene Uran*anreicherung* stattfindet. Eine endgültige Entscheidung werden wohl erst die Bestimmungen des Urangehaltes in den Thermalwässern durch *Hernegger* erbringen, doch finden sich in der Literatur immerhin brauchbare Vergleichszahlen, die hier noch kurz angeführt werden sollen. Im Karlsbader Sprudel fand *Hoffmann* (32) nach Tab. 4 den Wert von $1\cdot2 \cdot 10^{-8}$ g U/g Thermalwasser, in den vom Sprudel abgesetzten bunten Sprudelsteinen — die weißen waren uranfrei —, dagegen $0\cdot2$ bis $2 \cdot 10^{-6}$ g U/g Gestein (*Hoffmann* [35]), also einen ganz wesentlich höheren Wert. Es ist nicht anzunehmen, daß in den hier besprochenen Thermalwässern von Badgastein, Hintertux und Kleinkirchheim ganz wesentlich mehr Uran als in den in Tab. 4 aufgezählten Heilquellen enthalten sein wird; für diesen Fall wäre dann die Konzentration des Urans in den Epipetrien der Tab. 3 gleichfalls wesentlich größer. Schließlich zeigt das Auftreten von Warzensintern mit besonders hohem Urangehalt und Eigenfluoreszenz in der jahrhundertelang ungestörten Fledermaus-Quelle von Badgastein, daß der Urangehalt offensichtlich mit dem Alter der Sinter zunimmt. Aus diesen Gründen kann also mit großer Wahrscheinlichkeit angenommen werden, daß hier eine Uran*anreicherung* vorliegt.

Als letztes erhebt sich schließlich die Frage, ob diese Urananreicherung ein rein anorganischer Vorgang und an die Kalkabscheidung als solche gebunden ist oder ob dabei etwa die bei der Sinterbildung mitwirkenden Organismen eine wesentliche Rolle spielen. Die Antwort darauf kann derzeit noch nicht gegeben werden. Wir haben zwar unter diesem Gesichtspunkt auch das Material der im Fledermaus-Stollen in Badgastein gefundenen Kerze (Abb. 7) mit der Natrium-fluoridperle untersucht, und zwar jene Teile, in denen sich nach dem mikroskopischen Befund eingewachsene Mikroorganismen vor-finden müssen. Tatsächlich wurde ein geringer Urangehalt gefunden, der aber nichts beweisen kann; denn es ist bekannt, daß auch Erdöl, Bitumen und andere verwandte Stoffe kleine Mengen von Uran ent-halten und es kann natürlich nicht entschieden werden, ob z. B. das Stearin oder Paraffin der Kerze schon das gefundene Uran enthielt oder ob es erst durch die Mikroorganismen in sie hineingetragen wurde. Es sind jedoch bereits Untersuchungen im Gang, welche auch hier eine Klärung bringen werden.

Zusammenfassung.

An den Austritten der Thermalquellen von Badgastein (Salzburg), Hintertux (Tirol) und Kleinkirchheim (Kärnten) wurden bisher un-beachtet gebliebene, besonders gut entwickelte Kalksinter von Warzen- und Knöpfchenform gefunden. Nach Gestalt und Größe, schali-gem Bau der Warzen und ihrem Vorkommen in höhlenartig ab-geschlossenen Quellfassungen, Stollen, Felsspalten oder Felsnischen erinnern diese Sinter an analoge Formen, wie sie von Höhlen her be-reits bekannt sind und die nach *Magdeburg* unter Mitwirkung von Cyanophyceen entstehen. Auch in den Warzensintern der genannten österreichischen Thermen wurden Blaualgen gefunden, die vermut-lich den Gruppen der Chrooccocalen oder Dermocarpalen ange-hören; es ist daher fast sicher, daß auch diese Sinter sich unter Mit-wirkung von Blaualgen bilden, wobei zunächst offen gelassen wird, ob die Kalkabscheidung aktiv durch den Assimilationsprozeß der Algen oder bloß passiv durch das Vorhandensein einer geeigneten Matrix für den Verdunstungsprozeß erfolgt. Von besonderem Inter-esse ist, daß diese Warzensinter *Uran* enthalten. Bei den besonders uranreichen Sintern der Fledermaus-Quelle (Quelle Nr. X) in Bad-gastein mit 10^{-3} g U/g kann eine gelbgrüne Eigenfluoreszenz im filtrierten UV.-Licht mit den charakteristischen Uranbanden im Fluoreszenzspektrum beobachtet werden; der Urangehalt der übrigen Warzensinter ($50 - 5 . 10^{-6}$ g U/g in Badgastein, $30 . 10^{-6}$ g U/g in Hintertux, $1 . 10^{-6}$ g U/g in Kleinkirchheim) ließ sich nur mit der fluoreszierenden Natriumfluoridperle nach *Hernegger* nachweisen. Da das Material der Warzen und Knöpfchen nur aus den Thermal-wässern stammen kann, ist durch den Urannachweis im Sinter zu-gleich auch ein qualitativer Urannachweis in den Quellwässern selbst geführt. Der Urangehalt der untersuchten Warzensinter liegt fast immer *über* dem durchschnittlichen Urangehalt der Erdrinde mit $4 \cdot 10^{-6}$ g U/g und stets *wesentlich über* dem Urangehalt der mit den Sintern chemisch vergleichbaren Kalk- und Dolomitgesteine. Da der Urangehalt je Gramm der genannten Thermalwässer — der eben von Dr. *F. Hernegger* am Institut für Radiumforschung in Wien untersucht wird — mit hoher Wahrscheinlichkeit wesentlich *unter* dem Urangehalt der Warzensinter liegen wird, ist in der Sintermasse wohl eine ausgesprochene Uran*anreicherung* anzunehmen.

Literatur.

1. *Grabherr, W.*, Badgasteiner Badeblatt 1949, Nr. 3 (Mitt. d. Forsch.-Inst. Gastein Nr. 36). — 2. *Grabherr, W.*, Thermalbiologie einiger radioaktiver Heilquellen Österreichs mit Berücksichtigung der Pflanzenbiologie des Urans. Vortrag im Naturwiss.-med. Verein in Innsbruck am 14. Dezember 1948. — *Scheminzky, F.*, Angemeldete Diskussionsbemerkung zum Vortrag *Grabherr*, betreffend die Biologie der Thermalquellen von Kleinkirchheim. Ebenda 14. Dezember 1948. — 3. *Weed, H. H.*, Americ. Naturalist 23 (1889). — 4. *Davis, B. M.*, Science (N. Y.), 1897. — 5. *Diels, L.*, Ber. deutsch. bot. Ges. *32* (1914), 7. — 6. *Bachmann, E.*, Ber. deutsch. bot. Ges. *33* (1915), 1. — 7. *Ercegovic, A.*, Acta bot. r. univers. Zagrebensis, *I* (1925); Bull. int. de l'Acad. Yougoslave des sciences et des arts, Cl. sc. math. et nat. 26 (1932), 33. — 8. *Magdeburg, P.*, Sitzber. Naturf. Ges. Leipzig, *56/59* (1929/32), 14. — 9. *Magdeburg, P.*, Kalksinterbildungen durch Höhlenpflanzen. In „400 Jahre Höhlenforschung in der Bayerischen Ostmark." München: Verkehrsamt der Gauleitung Bayerische Ostmark, Bayreuth, 1935. — 10. *Kyrle, G.*, Grundriß der theoretischen Späläologie. Wien, 1923. — 11. *Vouk, V.*, Grundriß einer Balneobiologie der Thermen. Basel: Verlag Birkhäuser, 1950. — 12. *Ruschitzka, E.*, und *H. Wallner*, Der Balneologe 6 (1939), 6 : 249; (Mitt. d. Forsch. Inst. Gastein Nr. 19). — 13. *Bamberger, M.*, und *H. Krüse*, Sitzber. Ak. Wiss. Wien, Abt. II a *119* (1910). — 14. *Rippel, R.*, Kleine Heilwasseranalyse des Badewassers von Bad Hintertux in Tirol. Staatl. Anstalt f. Lebensmitteluntersuchung in Innsbruck, Kontroll-Nr. 4603/4606, v. 17. September 1941. — 15. *Wollmann, E.*, Gutachten über die Quellorte des L. F. V. Tirol-Vorarlberg, Abschnitt Hintertux. Berlin, Jänner, 1940. (Abschrift im Besitze der Badeinhabung [1]). — 16. Österreichisches Bäderbuch. Herausgegeben vom Bundesministerium für soziale Verwaltung. Wien: Österr. Staatsdruckerei, 1928. — 17. *Kahler, F.*, Das Schutzbedürfnis der Thermen von Kleinkirchheim. Geologisches Gutachten, erstattet dem Amt der Kärntner Landesregierung, 20. August 1949. — 18. *Windischbauer, A.*, Die natürlichen Heilkräfte von Badgastein. Wien: Springer-Verlag, 1948. — 19. *Anderle, N.*, Über die Gefährdung des Thermalwassergebietes von Kleinkirchheim durch den Steinbruchbetrieb Forstnig. Geol. Gutachten, erstattet der Frau E. Ronacher, Inhaberin des Heilbades Kleinkirchheim, vom 5. Juli 1948. (Im Besitze der Badeinhabung.) — 20. *Kirsch, G.*: Der Balneologe 6 (1939), 10 : 437. (Mitt. d. Forsch. Inst. Gastein Nr. 22.) — 21. *Mache, H.*, Gasteiner Kurzeitung *1* (1924), 12 : 1; ferner Mitt. Alpenländ. geol. Ver. *34* (1941), 69. — 22. *Dittler, E.*, und *E. Abrahamczik*: Zentralbl. Min. (1938), 7 : 201 (Mitt. d. Forsch. Inst. Gastein Nr. 6.) — 23. *Scheminzky, F.*, Gutachten des Forschungsinstitutes Gastein über die Wasservorkommen im Radhausberg bei Böckstein und Vorschläge über die Erweiterung des

---

[1] Dort liegt auch ein wichtiges geologisch-hydrologisches Gutachten von Prof. Dr. *B. Sander* (Innsbruck) vom 23. September 1931 vor.

Quellschutzes der Gasteiner Therme. 1948. (Nicht veröffentlicht, über amtlichen Auftrag jedoch allen maßgeblichen Behörden vorgelegt.)[1] — 24. *Haberlandt, H., F. Hernegger* und *F. Scheminzky,* Spectrochimica acta *4* (1950), 21 (Mitt. d. Forsch.-Inst. Gastein Nr. 44). — 25. *Scheminzky, F.,* Badgasteiner Badeblatt 1950, Nr. 42 bis 45 (Mitt. d. Forsch.-Inst. Gastein Nr. 49). — 26. *Hernegger, F.,* Anz. Akad. Wiss. Wien, Math.-natw. Kl. (1933), 2 : 15. — 26. *Hernegger, F.,* und *B. Karlik,* Sitzber. Akad. Wiss. Wien, Math.-natw. Kl. Abt. II a *144* (1935), 217. — 28. *Lahner, I.,* Sitzber. Akad. Wiss. Wien, Math.-natw. Kl., Abt. II a, *148* (1939), 3/4 : 149. — 29. *Scheminzky, F.,* Spectrochimica acta *3* (1948), 191 (Mitt. d. Forsch.-Inst. Gastein Nr. 34). — 30. *Slattery, M.,* Journ. Opt. Soc. *19* (1929), 175. — 31. *Erlenmeyer, H., W. Opplinger, K. Stier* und *M. Blumer,* Helvetica chim. acta *33* (1950), 1 : 25. — 32. *Hoffmann, J.,* Sitzber. Akad. Wiss. Wien, Math.-natw. Kl., Abt. II a, *150* (1941), 2 : 112. — 33. *Stocklasa, J.,* und *J. Penkava,* Biologie des Radiums und des Urans. Berlin: Verlag P. Parey, 1932. — 34. Siehe dazu *d'Ans, J.,* und *E. Lax,* Taschenbuch für Chemiker, Berlin, 1949, S. 1267; vgl. auch *Tomkeieff, S. I.,* Science Progreß *3* (1946), 696. — 35. *Hoffmann, J.,* Sitzber. Akad. Wiss. Wien, Math.-natw. Kl., Abt. II a, *148* (1939), 3/4 : 189.

---

[1] Erliegt auch im Forschungsinstitut Gastein in Badgastein.

Aus dem Forschungsinstitut Gastein in Badgastein (Mitteilung Nr. 55) und dem
Physikalischen Institut der Universität Innsbruck.

Die Alphastrahlung
der Gasteiner Warzen- und Knöpfchensinter.

Von

J. Rüling, Innsbruck, und **F. Scheminzky**, Innsbruck.

Mit 2 Textabbildungen.

(Eingelangt am 15. März 1950.)

Grabherr und *Scheminzky* (1, 2) haben an den Austritten von drei
österreichischen Thermen, und zwar in Badgastein (Salzburg), in
Hintertux (Tirol) und in Kleinkirchheim (Kärnten) bisher unbeachtet
gebliebene Kalksinter von Warzen- und Knöpfchenform gefunden,
die unter Vermittlung von Blaualgen entstehen, typisch thermal entwickelt und durch ihre Fähigkeit zur *Anreicherung von Uran* gekennzeichnet sind. Der Urangehalt — bestimmt mit der Methode der
fluoreszierenden Perle nach *Hernegger* (3) bzw. *Hernegger* und *Karlik*
(4) — lag zwischen 5 und 1000 . 10^{-6} g U/g Sintermaterial (2). Durch
die mikroskopische Untersuchung von Kernplatten, die mit der-
artigem Material bestrahlt wurden, läßt sich auch die Verteilung des
Urans im Sinter feststellen und entscheiden, ob vielleicht auch sonstige radioaktive Stoffe zusammen mit dem Uran dem Thermalwasser
entnommen werden. Im folgenden wird auf die ersten Untersuchungen an den Warzensintern von *Badgastein* eingegangen.

Methodik.

Die Sinterproben wurden nach Herstellung eines Anschliffes mit der planen
Fläche auf Kernplatten von rund 10×20 mm Größe aufgelegt (Kodak-NTB-
Nuclear-Plates). Die Exposition betrug 2 bis 7 Wochen. Die in üblicher Weise
entwickelten Platten wurden mit Hilfe eines Projektionsgerätes durchmustert,
das infolge seiner automatischen Weiterbewegung gestattet, im Projektionsbild
die Alpha-Bahnen in einem Streifen von 320 μ Breite (bedingt durch das Gesichtsfeld des Mikroskopes) fortlaufend zu zählen und ihre Zahl je nach einer Länge
des Streifens von z. B. 500 μ zu notieren. Legt man nun über die exponierte
Fläche der Platte, deren Größe gleich ist der angeschliffenen Fläche des Sinters,
einen Raster, dessen Felder z. B. 320 μ breit und 500 μ lang sind, so erhält man
eine Feinstruktur für die Verteilung der im Sinter enthaltenen strahlenden Substanzen.

Um die sonst unvermeidlichen Verletzungen der Emulsion bei Verschiebungen des Objektes auf der Plattenschicht zu verhindern und zugleich auch zwecks späterer Identifizierung der Mikrostruktur der Aktivität eine feste Zuordnung von Spurenbild und Anschlifffläche zu sichern, wurden Platte und Objekt in einer Anordnung nach Abb. 1 befestigt. Die Grundplatte G aus Holz trug einen Rahmen R aus etwa 1 mm dickem Superpertinax mit einem für die Kernplatte P bestimmten Fenster von 10×20 mm; über diesem konnte ein aus weichem Kupferdraht hergestellter gabelförmiger Bügel B um eine waagrechte Achse im Träger T nach aufwärts gekippt werden. Nach Einlegen einer gewöhnlichen Glasplatte in das Fenster sowie Aufsetzen und richtigem Einstellen des Objektes O konnte dieses an den ihm von oben her angelegten Drahtbügel B mit heißem Wachs festgeklebt werden. Bei rotem Dunkelkammerlicht brauchte dann nur noch der Bügel mit dem Objekt abgehoben, die Glasplatte durch die Kernplatte ersetzt und das Objekt vorsichtig wieder auf die Schicht gelegt zu werden. Die ganze Anordnung verblieb für die Dauer der Exposition in einer Schachtel mit übergreifendem Deckel in der Dunkelkammer. Unmittelbar vor der Entwicklung wurde durch kurze Belichtung mit einer entsprechend weit entfernten Lampe der vom Objekt nicht bedeckte Plattenraum geschwärzt, so daß der Umriß des Objektes festgehalten war Die Versuche wurden zum Teil mehrfach angesetzt.

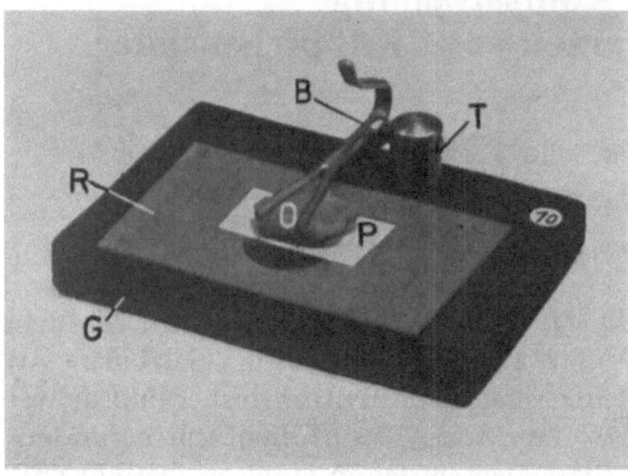

Abb. 1. Anordnung zur Befestigung des strahlenden Objektes über der Kernplatte. B Kupferdrahtbügel; G Grundplatte; O Objekt, am Bügel B mit Wachs befestigt; P Kernplatte; T Träger des Bügels B.

Über die Wahrscheinlichkeit des Auftretens von Alphaspuren zerfallender *Uranatome* gibt folgende Überlegung Aufschluß. Die in Abb. 2 vergrößert dargestellten kreisförmigen Plattenausschnitte von 8 cm Durchmesser entsprechen bei einer 480fachen Vergrößerung einer tatsächlichen Fläche von $2{\cdot}18 . 10^{-4}$ cm^2 in der Schicht. Setzen wir die Reichweite der Uran-Alphastrahlen vereinfacht in der Schicht und auch im Gestein mit höchstens $20\,\mu$ an und verlangen zur Erkennung der Alphaspur in der Schicht eine Mindestlänge von $5\,\mu$, so können die zugehörigen Alphastrahlen höchstens aus einer Gesteinsschicht von $15\,\mu$, das ist $1{\cdot}5 . 10^{-3}$ cm Dicke stammen. Die Gesteinsmasse von der angegebenen Fläche und Höhe hat ein Volumen von $3{\cdot}27 . 10^{-7}$ cm^3 und wiegt bei einem angenommenen spezifischen Gewicht von rund 2 daher $6{\cdot}5 . 10^{-7}$ g. Nimmt man nach *Scheminzky* und *Grabherr* (2) für die Sintermasse den höchsten gefundenen

Urangehalt von 5 . 10^{-5} g/g an [1], so enthalten 6·5 . 10^{-7} g Gestein 3·3 . 10^{-11} g Uran. Da ein Gramm Uran nach *Schiedt* (5) 1·26 . 10^{-4} Alphateilchen je Sekunde liefert, so gibt die betrachtete Sintermenge in der Sekunde bloß 4·1 . 10^{-7} Alphastrahlen ab, von denen aber wegen der räumlichen Verteilung wieder nur rund $^1/_{2\cdot5}$ in der Plattenschicht erkennbar sein wird. In 4 Wochen sind daher in unserem Gesichtsfeld nur 0·4 Alphastrahlen zu erwarten. Die nur 5 . 10^{-6} g U/g enthaltenden Warzensinter der Doktor-Quelle (Quelle Nr. VI) würden bloß 0·04, der Sinter aus der Fledermaus-Quelle (Quelle Nr. X) mit Uran-Eigenfluoreszenz („Leuchtsinter") und mit 1000 . 10^{-6} g U/g dagegen 8·0 Alphastrahlen pro Gesichtsfeld und 4 Wochen Expositionszeit liefern.

Die Strahlung der in den Sintern selbst entstandenen Uran-Folge-produkte ist bei dem Alter der Sinter von höchstens einigen Dezennien völlig zu vernachlässigen; selbst bei dem fluoreszierenden Sinter der Fledermaus-Quelle spielt das mögliche Höchstalter von 500 Jahren noch keine Rolle.

Ergebnisse.

Zur Untersuchung gelangten bisher Warzensinter aus folgenden Gasteiner Quellen:

1. Quelle Nr. IV, Alte Franzens-Quelle. Die aus einer etwa 5 mm dicken Kruste mit schaligem Bau bestehenden Warzensinter lagen am Boden des kleinen Quellbeckens am Quellaustritt, können aber nach den Befunden von *Scheminzky* und *Grabherr* (2) nicht unter Wasser entstanden, sondern erst nach ihrer Bildung über Wasser in das Quellbecken gefallen sein; da sich die Quellfassung noch im ursprünglichen Zustand vom Jahre 1807 befindet, haben diese Sinter möglicherweise ein relativ hohes Alter.

2. Quelle Nr. VI, Doktor-Quelle, Hauptaustritt. Die aus miteinander verwachsenen, kegelförmigen Knöpfchen bestehenden Warzensinter stammen vom felsigen First der Quellfassung, wo sie dem strömenden Thermalwasser entgegen stalaktitenartig nach unten zu wachsen; Urangehalt einer Mischprobe aus verschiedenen Stücken von dieser Stelle nach *Scheminzky* und *Grabherr* (2) 5 . 10^{-6} g U/g. Alter wahrscheinlich nur einige Dezennien.

3. Quelle Nr. X, Fledermaus-Quelle. Die aus einer höckerigen Kruste bis zu 8 mm Dicke bestehenden Sinter stammen von der linken Felswand dicht über dem Thermalwasserbecken. Sie unterscheiden sich von allen anderen Warzensintern der Gasteiner Quellaustritte dadurch, daß sie im filtrierten ultravioletten Licht eine deutlich gelbgrüne Fluoreszenz mit typischen Uranbanden im Fluoreszenzspektrum zeigen („Leuchtsinter"); Urangehalt nach *Scheminzky* und

---

[1] Der nach *Scheminzky* und *Grabherr* (2) besonders uranreiche Leuchtsinter der Fledermausquelle (1000 . 10^{-6} g U/g) springt gegenüber den anderen Warzensintern so aus der Reihe, daß sein Urangehalt nicht mit ihnen verglichen werden kann. Schon allein seine Uranfluoreszenz im filtrierten ultravioletten Licht, die den anderen Warzensintern fehlt, hebt ihn als Sonderfall heraus; wahrscheinlich ist sein Uranreichtum auf ein sehr hohes Alter zurückzuführen.

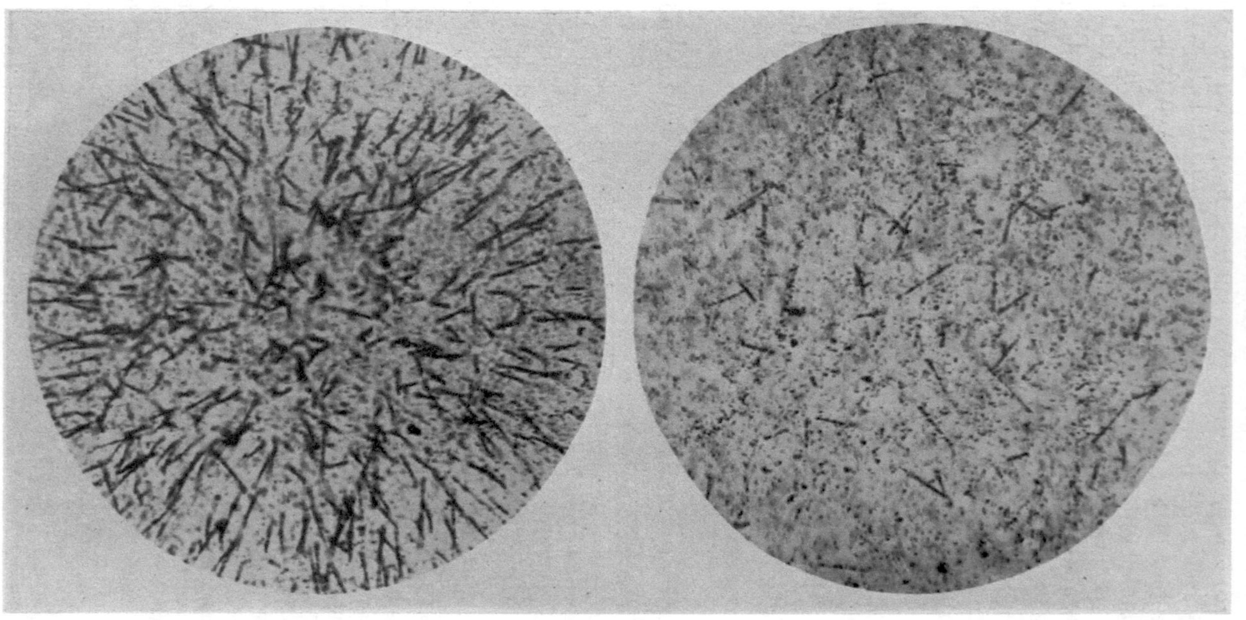

Abb. 2. Ausschnittsvergrößerung aus mit Gasteiner Warzensintern bestrahlten Kernplatten; Abbildungsmaßstab 480:1. Links: Nest von Alphastrahlen aus einem Sinter der Alten Franzens-Quelle (Quelle Nr. IV); rechts: durchschnittliche Verteilung der Alphabahnen aus dem Leuchtsinter der Fledermaus-Quelle (Quelle Nr. X). (Außer den strichförmigen Alphabahnen sind in beiden Bildern noch zahlreiche Einzelpunkte, herrührend von primären und sekundären Betastrahlen aus dem Sinter, zu sehen.)

Grabherr (2) $1000 . 10^{-6}$ g U/g. Die Fledermaus-Quelle tritt in einem vermutlich am Ende des 15. Jahrhundert noch mit Schlegel und Hammer vorgetriebenen Stollen aus; da sie ungenützt ist, wurde der ursprüngliche Zustand nicht verändert und die Warzensinter können hier ein Alter von mehreren Jahrhunderten haben.

4. Quelle Nr. XII, Reissacher-Quelle. Die knopfförmigen, einzeln stehenden Warzensinter stammen von der aus Bruchsteinen gemauerten Hinterwand des zu den Thermalwasseraustritten führenden Stollens, über welche Thermalwasser herabrieselt. Alter wahrscheinlich nur einige Dezennien.

In allen mit diesen Proben bestrahlten Platten fanden sich zahlreiche Alphabahnen in ungleichmäßiger Verteilung und in einer Zahl, die den aus dem Urangehalt zu erwartenden Wert um ein Vielfaches übersteigt. Die Verteilung dieser Bahnen zeigt eine ausgesprochene Struktur, die zum Teil mit dem Aufbau des Warzensinters zusammenhängt; so findet man z. B. unter porösen Stellen der Probe mehr Bahnen infolge der größeren Strahlungsfläche, aber auch an anderen Orten wieder ohne makroskopische Besonderheiten. An manchen Punkten treten auch ausgesprochene Strahlen-„Nester" auf, d. h. von einem Punkt des Sinters gehen zahlreiche Bahnen aus (vgl. Abb. 2, links); meistens aber bietet die Platte ein Strahlungsbild wie in Abb. 2, rechts, d. h. die Alphabahnen sind nach allen Richtungen orientiert. Da unsere Platten auch für Betastrahlen empfindlich sind, findet man neben den strichförmigen Alphaspuren auch viele Einzelpunkte, welche von primären und sekundären Betastrahlen herrühren.

Die erste orientierende Auszählung der mit den oben angeführten Proben bestrahlten Platten gibt die folgende Tabelle wieder:

Nr. der Probe	Durchschnittl. Zahl d. Alphabahnen pro Gesichtsfeld und 4 Wochen[1]	Urangehalt	Gefundene Bahnenzahl / Berechnete Bahnenzahl
1	4·3	— [2]	— [2]
2	1·8	$5 \cdot 10^{-6}$ g/g	45
3	36·0	$1000 \cdot 10^{-6}$ g/g	4,5
4	0.5	— [2]	— [2]

[1] Als „Gesichtsfeld" liegt die in Abb. 2 vergrößert abgebildete Fläche von $2 \cdot 18 . 10^{-2}$ cm² zugrunde; da die Kernplatten nicht in allen Versuchen gleich lange bestrahlt wurden, mußte des Vergleiches wegen auf 4 Wochen Expositionszeit umgerechnet werden.

[2] Für die Proben Nr. 1 und Nr. 4 liegt eine mengenmäßige Bestimmung des Urangehaltes noch nicht vor; daher kann auch das Verhältnis zwischen gefundener und aus dem Urangehalt berechneter Bahnenzahl noch nicht angegeben werden.

Besprechung der Ergebnisse.

Die Untersuchungen von 4 Warzensintern von 4 verschiedenen Gasteiner Quellaustritten mit Kernplatten hat gezeigt, daß die Sinter bei einer mehrwöchigen Bestrahlungszeit zu einer bemerkenswerten Zahl von Alphaspuren in der Emulsion führen. Die Zahl dieser Alphaspuren war in allen Fällen *größer* als es dem bisher von *Scheminzky* und *Grabherr* (2) gefundenen *Höchstwert* des Urangehaltes entsprechen würde (vgl. die Berechnung auf S. 40); in den beiden Fällen (Proben 2 und 3), in denen der tatsächliche Urangehalt bereits bestimmt worden war, ist die Alphaspurenzahl sogar *wesentlich größer* als sie nach ihrem Urangehalt zu erwarten wäre. Schon daraus ergibt sich der Schluß, daß die vorliegenden Warzensinter nicht bloß allein Uran als Alphastrahler enthalten können, sondern daß sich in ihnen auch noch *andere alphastrahlende Substanzen* vorfinden müssen. Ein weiterer Beweis dafür ergibt sich aus der Ausmessung der Reichweiten. Ein vollständig in der Emulsion verlaufender Uran-Alphastrahl kann höchstens eine Länge von 20 μ aufweisen; tatsächlich finden sich aber in fast allen Aufnahmen auch zahlreiche Alphaspuren mit einer *größeren* Reichweite. Das Spektrum dieser Reichweiten zeigt ganz deutlich, daß diese längeren Alphabahnen durch Radium und seine Folgeprodukte erzeugt wurden. Unsere vorläufigen Untersuchungen erlauben daher jedenfalls schon jetzt den sicheren Schluß, daß die *Warzensinter aus dem Gasteiner Thermalwasser nicht bloß Uran, sondern auch Radium aufnehmen;* daß das letztere Element nicht im Sinter selbst aus Uran entstanden sein kann, wurde schon früher erwähnt.

Eine Ausnahme bildet vorläufig der Leuchtsinter aus der Fledermaus-Quelle (Probe Nr. 3), in welchem sich neben sehr zahlreichen kurzen Alphabahnen bis jetzt *keine* längeren haben auffinden lassen. Die höhere Bahnenzahl gegenüber dem tatsächlichen Urangehalt müßte in diesem Fall nicht unbedingt für das Vorhandensein eines zusätzlichen Alphastrahlers sprechen; das hier nur kleine Verhältnis von gefundenen zu berechneten Bahnen (4,5mal) könnte auch darauf zurückzuführen sein, daß das Uran stellenweise angereichert ist. Tatsächlich zeigte auch die Prüfung des Stückes, dem die Probe für den Kernplattenversuch entnommen worden war, im filtrierten ultravioletten Licht ausgesprochene Zonen stärkerer und schwächerer Fluoreszenz.

Die Untersuchungen werden fortgesetzt; eine ausführliche Mitteilung wird nach Verarbeitung eines größeren Materiales erfolgen.

Zusammenfassung.

Die von *Scheminzky* und *Grabherr* an den Gasteiner Quellaustritten gefundenen Warzensinter, welche Uran aus dem Thermalwasser anreichern, wurden hinsichtlich ihrer Alphastrahlung mittels

Kernplatten untersucht. Es zeigte sich, daß die Zahl der Alphaspuren weit größer ist, als sie nach dem Urangehalt zu erwarten wäre; dieser Befund und auch das Vorkommen von Alphabahnen in der Emulsion mit größerer Reichweite als bei Uran-Alphastrahlen spricht dafür, daß in den Sintern auch andere Alphastrahler enthalten sein müssen (Radium und seine Folgeprodukte); da bei dem relativ geringen Alter der Sinter die aus dem angereicherten Uran entstandenen Folgeprodukte zu vernachlässigen sind, können die erwähnten anderen Alphastrahler nur aus dem Thermalwasser stammen. Die Sinter nehmen bei ihrer Bildung also nicht nur Uran, sondern auch Radium auf. Die strahlenden Stoffe sind im Sinter nicht gleichmäßig verteilt; neben Stellen mit nach allen Richtungen orientierten Alphaspuren finden sich in den Platten auch Strahlennester, d. h. Stellen, an denen von einem Punkt zahlreiche radiär verlaufende Bahnen ausgehen. Teilweise besteht in der Bahnendichte auch eine Strukturabhängigkeit, indem an porösen Stellen des Sinters, infolge der größeren Strahlungsfläche, die Alphaspuren zahlreicher sind. Die Untersuchungen werden fortgesetzt; nach Verarbeitung einer größeren Probenzahl und genauer Ausmessung der Aufnahmen wird eine ausführliche Mitteilung erfolgen.

Literatur.

1. *Grabherr, W.*, Badgasteiner Badeblatt, 1949, Nr. 3 (Mitt. d. Forsch.-Inst. Gastein, Nr. 36). — 2. *Scheminzky, F.*, und *W. Grabherr*, Tschermaks min. u. petrogr. Mitt.; dieses Heft, S. 14 (Mitt. d. Forsch.-Inst. Gastein, Nr. 54). — 3. *Hernegger, F.*, Anz. Akad. Wiss. Wien, Math.-natw. Kl. (1933), 2, 15. — 4. *Hernegger, F.*, und *B. Karlik*, Sitzber. Akad. Wiss. Wien, Math.-natw. Kl., Abt. II a, 144 (1935), 217. — 5. *Schiedt, R.*, Sitzber. Akad. Wiss. Wien, Abt. II a, 144 (1935), 5/6, 191.

Aus dem Forschungsinstitut Gastein in Badgastein (Mitteilung Nr. 56) und dem Chemischen Institut der Universität Innsbruck.

Über den Arsengehalt von Stollenwässern in der Umgebung Badgasteins.

Von

E. Hayek und **H. Wierer.**

(Eingelangt am 3. März 1950.)

Die goldführenden Gesteine der Gasteiner Umgebung enthalten in der Regel auch Arsenerze. Deshalb zeigen manche aus den Stollen der alten Goldbergbaue kommenden Wässer einen Arsengehalt, wie dies vom „Giftbrünnl" im Pockharttal schon lange bekannt ist. Untersuchungen hierüber hat unter Bezugnahme auf die Biologie der Pockhart-Seen *H. Kunisch* (Mitt. D. u. Ö. A. V. 7 [1881], 118) durchgeführt. Er gibt für zwei Quellen im Pockharttal — eine davon wahrscheinlich das Giftbrünnl — einen Gehalt von 4·4 mg und 2·5 mg Arsen/Liter an. (Umgerechnete Werte aus seinen Angaben von g As_2O_3/100 l und gekürzt entsprechend der anzunehmenden Genauigkeit.) Eines der Quellsedimente enthielt 0·25% Arsen. Das Wasser des oberen Pockhartsees ergab mit 7·0 mg/l die größte Konzentration von Arsen und auch der untere See enthielt 3·6 mg/l.

Im Rahmen der Arbeiten des Forschungsinstitutes Gastein schien es von Interesse, den Arsengehalt solcher Quellen zu überprüfen, besonders im Hinblick auf die Verwendbarkeit zu Heilzwecken. Zwei der untersuchten Stollenwässer schieden schon nach kurzer Untersuchung als wenig interessant aus, da sie Gehalte von jedenfalls unter 0·5 mg Arsen/Liter ergaben. Diese Proben wurden aus dem Naßfeld-Unterbaustollen, 1632 m Seehöhe, bei Kilometer 1·500 vom Naßfeldereingang bzw. am Mundloch des verfallenen Florianistollens am Radhausberg, 2000 m Seehöhe, genommen.

Höhere Arsengehalte ergaben sich in zwei Quellen des Pockharttales, nämlich dem sogenannten „Giftbrünnl", welches etwa 200 m nordöstlich des oberen Pockhartsees in 2120 m Seehöhe aus der Halde unter dem „falschen Gertraudistollen" entspringt und einer Quelle im Pockhart-Unterbaustollen, 1985 m, zwischen den beiden

Pockhartseen. Diese Quelle tritt am Feldort des 415 m langen Stollens aus.

Die Wasserproben wurden einmal am 17. September 1948 genommen. Es zeigte sich jedoch bei Durchführung der Analysen, welche aus verschiedenen Gründen mit längerer zeitlicher Unterbrechung erfolgte, daß der Arsengehalt der Proben durch Reaktion (Austausch-Adsorption) mit den Glasgefäßen erheblich mit der Zeit abnahm. Über diese bisher nicht beachtete Tatsache wird später an anderem Orte berichtet werden, ebenso über Vorkehrungen, um diese Verfälschung der Analysenresultate zu vermeiden. Es erwies sich jedenfalls als notwendig, eine neue Probenziehung durchzuführen, welche am 22. August 1950 erfolgte. Die neue Probenahme zeigte wesentliche Unterschiede der Quellenschüttung gegenüber der früheren, obwohl beide zu einer Zeit erfolgten, wo das Pockharttal bis 2600 m völlig schneefrei war. Das „Giftbrünnl" ergab 1948 zirka 120 l/Minute, 1950 nur 60 l, der Unterbaustollen statt 180 nur 30. Die sonstigen Daten der Proben von 1950 sind:

	Geschmack	Temp.	As mg/l	Fe mg/l	pH frische Probe
Giftbrünnl	unangenehm metallisch	4.4^0	5.2	6.6	5.8
P. Unterbau	schwach metallisch	5.6^0	3.4	4.0	5.8

Beide Wässer enthalten keine freie Schwefelsäure (pH des Konzentrates $10 : 1 = 7.0$), aber Sulfat, welches beim Eindampfen besonders des Pockhartstollenwassers als Gips ausfällt.

Das „Giftbrünnl" zeigt ein rotes Sediment, welches auf die Trockensubstanz bezogen, 2.9% As und 38.8% Fe enthält, Glühverlust 32.6%. Im Pockhartstollen finden sich reichlich Sedimente, die zum Teil rostrot, zum Teil schwarzbraun sind. Hieraus zeigt sich, daß das Wasser sehr verschiedene Zusammensetzung haben kann. Zwei verschiedene schwarzbraune Proben enthielten 4.0 bzw. 1.5% As, 25.5 bzw. 8.8% Fe und 32.1 bzw. 43.4% Mn, Glühverlust 13.2 bzw. 10.8%.

Zusammenfassend kann man sagen, daß nicht unerhebliche Arsenmengen von den Quellen gefördert werden, welche sich der Größenordnung nach in der Höhe der bekannten Arsenquelle Levico (4.5 mg/l) halten. Allerdings müßte man sich durch Probenahme zu verschiedenen Jahreszeiten über die auftretenden Schwankungen unterrichten, ehe ein abschließendes Urteil über den Arsengehalt gefällt werden kann.

Aus dem Forschungsinstitut Gastein in Badgastein (Mitt. Nr. 58), dem Mineralogischen Institut der Universität Wien und dem Naturhistorischen Museum Wien.

Die Mineral- und Elementvergesellschaftung des Zentralgneisgebietes von Badgastein (Hohe Tauern).

Von

Herbert Haberlandt und Alfred Schiener.

Spektrographische Untersuchungen von **A. Gatterer** (Specola Vaticana bei Rom), **F. X. Mayer** (Gerichtsmedizinisches Institut Wien) und **E. Schroll** (Mineralogisches Institut der Universität Wien).

Mit 13 Textabbildungen.

(Eingelangt am 17. März 1950.)

Das mineralreiche Gebiet von Badgastein ist im älteren Schrifttum (1 a—c) wiederholt erwähnt worden. An neueren lagerstättenkundlichen und mineralchemischen Arbeiten liegen Untersuchungen über die Goldquarzgänge der Siglitz (2 a—c), verschiedene Arbeiten über die Gasteiner Thermen (3 a—f) und mehrere Veröffentlichungen über einen merkwürdigen Thermalabsatz, den sogenannten Reissacherit vor (4 a—c). Außerdem finden sich verstreute Angaben über einzelne Mineralvorkommen, wie z. B über Desmin von *A. Köhler* (5).

Eine moderne Untersuchung über die geochemischen Verhältnisse des wegen seiner Heilquellen weltberühmten Gebietes von Badgastein fehlte bisher und so hat es einer von uns im Rahmen des Forschungsinstitutes Gastein (unter der Leitung des Herrn Prof. *F. Scheminzky)* unternommen, in dieser Hinsicht einmal eine Grundlage zu schaffen. Herrn Prof. *Scheminzky* sei für seine stete Förderung hiemit geziemend gedankt. In dieser ersten Veröffentlichung soll zunächst eine mineralogische Beschreibung gegeben und die grundsätzliche geochemische Problematik des zu untersuchenden Gebietes diskutiert werden. Dank dem Entgegenkommen der Gewerkschaft Radhausberg und ihres derzeitigen öffentlichen Verwalters, des Bürgermeisters von Badgastein Herrn *F. Wagnleitner* und des Betriebsleiters *K. Zschocke* konnte vor allem der Radhausberg-Unterbaustollen genauer erforscht werden. Die Begehungen wurden zum Teil gemeinsam mit Herrn Bergverwalter *K. Zschocke* und Herrn Ing. *F. Florentin* durchgeführt, denen für ihre Hilfe und

Unterstützung herzlichst gedankt sei. Im Sommer 1946 wurde gemeinsam mit Ing. *Florentin* eine Begehung der höher gelegenen Bergbaugebiete des Radhausberges vorgenommen und auch die angrenzenden Höhenzüge des hintersten Weißenbachtales, sowie die felsige Umrahmung des Erfurter Weges in Kolm-Saigurn (Rauris) in die Aufnahme mit einbezogen. Das Gebiet des Ankogels und seines großen Bergsturzes wurde in den Sommern 1948 und 1949 begangen. Spektrographische Aufnahmen von verschiedenen Mineralien konnten dank dem freundlichen Entgegenkommen von Herrn Prof. *Schwarzacher* und Herrn Dozent Dr. *Fr. X. Mayer* im Gerichtsmedizinischen Institut der Universität durchgeführt werden. Einige Spektralaufnahmen von Reissacheritproben wurden von Herrn Prof. Dr. *D. Gatterer* in der Specola vaticana ausgeführt. Allen diesen Herren sei für ihre Hilfe herzlich gedankt.

Nicht zu vergessen ist die tatkräftige und wertvolle Mithilfe der einheimischen Mineraliensammler, vor allem ihres Nestors Herrn *Josef Frohnwieser* in Böckstein. Wertvolle Auskünfte und verschiedene Mineralstufen erhielten wir uneigennützigerweise von den Sammlern: *Gottlieb Steiner, Leopold Schmutzenhofer, Anton Haider, Hans Guganigg* und *Alois Keuschnig.*

Petrographische Charakterisierung des Gebietes im Zusammenhang mit der Erz- und Mineralbildung.

Die meisten der in dieser Arbeit untersuchten Mineralvorkommen liegen im Bereich des Zentralgranitgneises, der zum Teil syenitisch bis tonalitisch, zum Teil aber aplitartig ausgebildet ist und auch Einlagerungen von verschiedenen Schieferzungen, besonders randlich enthält. Eine besonders bezeichnende ist in der sogenannten Woiskenschieferzone im Bereich des Radhausberg-Unterbaustollens aufgeschlossen. Das Stollenprofil wurde von *Chr. Exner* (6) genau aufgenommen und auch petrographisch-mikroskopisch eingehend untersucht (7 a, b). Er unterscheidet neben dem eigentlichen Gneisgranit des Hölltorkernes und dem bekannten Forellengneis des Anlauftales — abgesehen von dem normalen porphyrischen Gneis des Tauerntunnels nach *F. Becke* (8) — den sogenannten Riesenaugengneis und einen grobflasrigen porphyrischen Zweiglimmergneis im Bereich des Radhausberg-Unterbaustollens. Darüber liegt der granosyenitische Gneis der Romatedecke und darüber folgt der von *Exner* so benannte „Siglitzgneis". Letzterer wird als hybrides, albitreiches, auch Karbonat führendes Gestein gedeutet, in dem sehr reichlich Schachbrettalbitbildung vor sich gegangen ist. Es soll auch ursprüngliches Sedimentmaterial enthalten, doch wäre unseres Er-

achtens zu untersuchen, inwieweit sich die Karbonatbildung wenigstens teilweise aus einer Umbildung der Kalknatronfeldspate auf
Grund einer stärkeren Beanspruchung und Beeinflussung durch
hydrothermale Lösungen im Zuge der Metamorphose erklären läßt,
und ob die starke Verglimmerung nicht nur eine Folge der stärkeren
Durchbewegung ist.

H. Haberlandt hat bereits seinerzeit auf eine Publikation von
D. Gallagher (9) hingewiesen, die sich mit den Zusammenhängen
zwischen Albitführung und Goldquarzgängen befaßt und worin eine
weltweite Verbreitung dieses Zusammenvorkommens festgestellt
wird. An diese Arbeit *Gallaghers* knüpfte sich eine sehr schwierige
Diskussion mit recht widersprechenden Meinungen (7 a), wobei
unter anderem *O. Sullivan* (10) die Ansicht vertrat, daß das Gold
infolge des ähnlichen Ionenradius (Au^{+1} — $1·37A^0$) mit dem des
Kaliums (K^{+1} — $1·33\ A^0$) diesem geochemisch vergesellschaftet sei
und durch einen Granitisationsvorgang verbunden mit Albitisierung
kalihaltiger Gesteine angereichert werde. *Exner* (11) wies auch auf
einen Zusammenhang zwischen der Goldführung und den albitreichen Siglitzgneisen hin, und zwar in dem Sinne, daß die Gold-
gänge hauptsächlich im Bereich dieser Gneise auftreten. Nun hat
schon *F. Becke* (12) vor vielen Jahren in einem Vortrag darauf aufmerksam gemacht, daß die Goldführung im wesentlichen an die
Randzone der großen Gneiskuppeln gebunden ist und daß kein
merklicher Goldgehalt in das Nebengestein (Schieferhülle) auf
größere Entfernung hineingeht. Man kann sich vorstellen, daß die
goldhaltigen Lösungen Alkalichloride oder Alkalisilikate, vielleicht
auch Fluoride oder komplexe Alkali-Silikofluoride führten, und es
ist in diesem Zusammenhang wahrscheinlich, daß die Bildung der
Golderzgänge sich zeitlich und örtlich weitgehend an die Albitisation
der Gneise (Schachbrettalbitbildung) anschloß, ohne daß dafür eine
ausgesprochene „Granitisation“ notwendig gewesen wäre. Oben-
drein erscheint es recht unwahrscheinlich, daß Kalium und Gold
sich kristallchemisch vertreten können. Im Bereiche des Siglitzgneises finden sich in der Nähe der Golderzgänge, hauptsächlich in
den obersten Partien auch die meisten Mineralklüfte.

Die Einsprenglingsnatur der Kalinatronfeldspate in den porphyrartigen Gneis-
varietäten kann auf Grund ihrer vielfach eckigen Form und Verzwillingung nach dem
Karlsbadergesetz seit den grundlegenden Untersuchungen von *Becke* kaum ange-
zweifelt werden, während beim Augengneis des Radhausberg-Unterbaustollens auf
Grund der starken teilweisen Schwänzung und des scheinbaren Zusammenhanges mit
aplitischen Adern der Eindruck entstehen kann, daß hier Neubildungen, ausgehend
von eben diesen Aplitadern, vorliegen. Tatsächlich hat *Exner* (7 a, b) diese Ansicht in
zahlreichen Arbeiten vertreten und zur Beweisführung eingehende Dünnschliffuntersuchungen mit optischen Analysen und Achsenwinkelmessungen der fraglichen Feld-

späte durchgeführt. Jedoch gerade bei den mit Knaf. III bezeichneten Kalinatronfeldspateinsprenglingen im Riesenaugengneis gelingt es *Exner* nicht, einen eindeutigen Beweis für ihre Neubildung zu liefern, da die zugehörigen Achsenwinkel relativ klein sind (54°—80°) und in ihnen alpidisch parallel geschiefertes si fehlt. Dennoch will *Exner* auf Grund makroskopischer und mikroskopischer Bilder diese Kristallaugen aus aplitischen Lagen herleiten. Ebenso glaubt *Exner* an ein „Aufsprossen" der Schachbrettalbitaugen entsprechender Gneise aus der Woiskenserie aus aplitischen Lagen, wie das in einer kürzlich erschienenen Arbeit (10) ausgeführt wird. Dazu ist nun folgendes zu sagen: Die Kristallaugen des Riesenaugengneises lassen vielfach noch ihre ursprüngliche eckige Form erkennen, sie sind häufig nach dem Karlsbadergesetz verzwillingt und enthalten zahlreiche perthitische Lamellen in verschiedener Ausbildung, wie sie magmatischen Feldspaten eigentümlich sind. Die starken Schwänzungen und das scheinbare Übergehen in aplitische Lagen lassen sich mit der starken Durchbewegung und der stärkeren Stoffmobilisierung bei höherem Druck und gesteigerter Temperatur unschwer in Einklang bringen. Außerdem zeigten eigene mikroskopische Beobachtungen, daß sich die „aplitischen Schwänze" aus einem Mosaik von Quarz und Kalifeldspat zusammensetzen (beim Augengneis), das mit dem Auge selbst in unregelmäßigen Verwachsung verbunden ist, während die vorerwähnten echten Schwänze aus der Augensubstanz selbst gebildet sind und im Sinne von *F. Becke* zwanglos nach dem Rieckeschen Prinzip erklärt werden können. Bezüglich der Herleitung der Schachbrettalbite könnte die Natronzufuhr wohl unschwer mit den albitreichen jüngeren Apliten in Verbindung gebracht, auf keinen Fall aber läßt sich der manchmal noch erhaltene Kalinatronfeldspatrest im Kern von diesen natronreichen Apliten herleiten.

Der Siglitzgneis mit Plagioklasvormacht (35—55% bei einem Anorthitgehalt bis 6%), bis 7% Kalifeldspat und einem Gehalt bis 3·5% Karbonat wird nach *Exner* (13) als ichoretisches Mischprodukt aus präexistierendem, reichlich sedimentogenem Material mit mobilisiertem azidischem Orthomaterial aufgefaßt, wobei jedoch der Natronreichtum unerklärt bleibt, wenn man nicht eine entsprechende Zufuhr annimmt. Unbestritten ist an den Beobachtungen *Exners,* daß die Albitisation innerhalb der Woiskenserie der Kalinatronfeldspatvormacht des Hölltor-Rotgüldenkernes gegenübersteht, wobei wohl auch die ganzen porphyrartigen Gneise des Tauerntunnels diesem zuzurechnen sind.

Der Riesenaugengneis des Radhausberg-Unterbaustollens wäre nach *Exner* eine kalinatronfeldspatreiche azidische Randfazies des Hölltor-Rotgüldenkernes. Die Albitgneise nahe der Liegendgrenze der Woiskenmulde zeigen durch Zunahme von Kalinatronfeldspat Übergänge zum Riesenaugengneis. Wir selbst erblicken in diesen Augengneisen Übergänge des normalen porphyrartigen Granitgneises, wie er im Bereich des Tauerntunnels vorliegt, zu stärker verschieferten und hybriden glimmerreichen Gneisen und sehen im Siglitzgneis eine noch stärker hybride Fazies, die stellenweise auch Sedimentgneise verarbeitet und aufgenommen haben mag, wodurch auch der Karbonatgehalt erklärlich wird. Im Gegensatz zu *Exner* gehen wir von der Erscheinungsform des Kalifeldspateinsprenglinge führenden Granitgneises des Kernes aus, der vor allem in den Randzonen auch durch Aufnahme von Fremdmaterial hybrid wird, ohne daß deswegen gleich an eine Granitisation im großen Stil gedacht werden muß. Die erwähnten Einsprenglinge sind meist ausgewalzt und stark geschwänzt. Es erscheint uns daher als sicher, daß hier eine reichliche Mobilisierung ihres Materials erfolgte, wie später noch genauer ausgeführt wird. Wir möchten hier ausdrücklich aussprechen, daß es nicht genügt, bloß auf Grund der Feldbeobachtungen und noch so eingehender Dünnschliffuntersuchungen ohne Zuhilfenahme chemischer Analysen und darauf fußender eingehender Diskussion des chemischen Stoffbestandes ein so komplexes petrogenetisches Problem, wie es nun einmal in den Hohen Tauern vorliegt, befriedigend klären zu wollen. Die Bilanz des Stoffbestandes des Zentralgneises zeigt nach *F. Becke* (14) in den durch tektonische Beanspruchung verschieferten Randteilen des Zentralgneises einen Abgang von Kieselsäure und einen Verlust von relativ mehr Kalium als Natrium, was *Becke* eben auf die Bindung des Natriums im Intrusivgestein selbst (Myrmekit, Schachbrettalbit) zurückführt. Zweifellos sind die Alkalien Natrium und Kalium im höchsten Grade mobilisiert worden, während die Gesteine alpin umgeprägt wurden, wobei das Natrium Anlaß zur Myrmekit- und Schachbrettalbitbildung des Kalifeldspates gegeben hat, während das Kalium weitgehende Muskowit- und Serizitbildung ermöglicht hat. Die Beschreibung, die *F. Becke* (15) von der Myrmekitbildung gegeben hat, stimmt weitgehend mit dem Bild der von uns untersuchten Schliffe überein und es sind keine Anzeichen vorhanden, welche die Deutung des Myrmekits im Sinne von *Drescher-Kaaden* (16) stützen würden. Wir deuten daher den Myrmekit im Sinne von *F. Becke* als Verdrängung des Kalifeldspates durch einen mehr oder weniger albitreichen Plagioklas unter Abscheidung von Quarz, wobei Kalium weggeführt und unter Neubildung von Serizit bzw. Muskowit verbraucht wurde. Merkwürdig sind die zahlreichen Hellglimmermikrolithen in den Plagioklasen, die zusammen mit den in basischeren Plagioklasen zusammen vorkommenden Zoisitmikrolithen von *Becke* als metamorphe Entmischung gedeutet wurden. *Exner* (7 a) hingegen beobachtete ein sekundäres hydrothermales Wachstum solcher Hellglimmermikrolithen in Albiten von Plagioklasgneisen, was aber die *Becke*sche Deutung durchaus nicht ausschließt; wissen wir doch, daß auch bei der Metamorphose hydrothermale Umwandlungsvorgänge mitspielen können.

V. M. Goldschmidt (13) nahm bereits eine weitgehende Hydrolyse von natronhältigem Kalifeldspat bei höherer Temperatur im Zuge der Metamorphose bei kaliumreichen Tiefengesteinen an nach der Reaktionsgleichung:

$$3\ K_2Al_2Si_6O_{16} + 2\ H_2O \rightarrow H_4K_2Al_6Si_6O_{24} + 2\ K_2O + 12\ SiO_2,$$

was zur Bildung von Muskowit auf Kosten des Alkalifeldspates führen muß mit gleichzeitiger Anreicherung des freiwerdenden Natrons in den Restlaugen, da ins Muskowitgitter nur wenig Natron eingeht. Nach *Goldschmidt* würden wir also Kontaktzonen mit metasomatischer Injektionsmetamorphose vorzugsweise um kalireiche Tiefengesteine finden. Die injizierten Lösungen dürften freies Alkalisilikat enthalten, sozusagen „eine Art von Wasserglas". Mit dieser Auffassung *Goldschmidts* könnte die Schachbrettalbitisierung in den Hohen Tauern unseres Erachtens wohl erklärt werden. Es ist natürlich auch möglich, daß darüber hinaus noch Natrium aus der Tiefe zugeführt wurde, worauf die weit in die Schieferhülle reichende Periklinbildung in den alpinen Klüften und vielleicht auch die starke Natronvormacht (Glaubersalz!) in den Gasteiner Thermen hindeuten. Wichtig sind in diesem Zusammenhange auch die statistischen Studien von *Lapadu-Hargues* (18) über die Mobilität folgender Elemente in metamorphen Prozessen in ansteigender Reihenfolge: Ba^{+2}, K^{+1}, Ca^{+2}, Na^{+1}, Fe^{+2} und Mg^{+2}, entsprechend der Abnahme in der Ionenradiengröße. Damit könnte eine größere Wanderungsfähigkeit des Natriums gegenüber dem Kalium erklärt werden.

Es gibt allerdings nach *Exner* (siehe diese Festschrift) auch Neubildung von Kalifeldspat (Mikroklin). Die Erkenntnis *Exners*, daß Schachbrettalbitbildung an bestimmte Plagioklas und Calciumkarbonat führende Gneise, vor allem auch an die oberen Partien des Radhausbergkomplexes, die sogenannten Siglitzgneise gebunden sei, ist sicher von großem Interesse, da ja in diesen Gesteinszonen auch die wichtigsten goldführenden Erzgänge auftreten, während in den tieferen Partien eine andere Mineralvergesellschaftung vorherrschend ist. Wir wollen aber betonen, daß gerade in den durchbewegten Grenzzonen die Schachbrettalbitbildung besonders ausgeprägt ist, so auch im Siglitzunterbaustollen an der Grenze Zentralgneis—Schieferhülle. Recht bemerkenswert ist eine späthydrothermale Differentiation von Natrium und Kalium innerhalb der Mineralklüfte. So führen die Klüfte im Bereich des Zentralgneises vorwiegend Adular, im Bereich der Schieferhülle aber Periklin. Ein eigenes Kapitel bilden die Umwandlungserscheinungen des Zentralgneises mit weitgehender Serizitisierung und Chloritisierung und zunehmender Rutilausscheidung, vor allem in unmittelbarer Nähe der Erzgänge, was bereits von *R. Canaval* (2 a) hervorgehoben wurde. Bei allen Beobachtungen am anstehenden Gestein, am Handstück oder im Dünnschliff konnte fast durchwegs eindeutig festgestellt werden, daß das Nebengestein der mineralführenden Klüfte stärker aplitisch-pegmatoid durchadert und injektionsmäßig beeinflußt worden ist. Diese Beobachtungen lassen sich sowohl im Gebiet des Ankogels, Radhausberges, als auch im Bereiche des Hocharns, einschließlich seiner Randzone (Grieswies-Schwarzkopf) in der Rauris machen. In solchen Adern finden sich eine Reihe von Mineralien, die nur zum Teil in den späteren Mineralklüften auftreten. Ein Großteil der in den Mineralklüften vorkommenden Kristalle, wie Albit (Periklin), Turmalin und auch Rutil sind zumeist in nächster Nähe im Nebengestein angereichert. Auf Grund des Dünnschliffbefundes sieht es nun ganz so aus, als ob es sich hiebei um Neubildungen handeln würde, da z. B. die Turmaline quer zur Schieferung gestellt sind und Albit in holoblastischen Neubildungen mit Muskowit auftritt. Das Zusammenvorkommen von Mineralbildung und Durchaderung des Nebengesteins wurde auch in anderen Gebieten, so in der Schweiz, wie auch im außeralpinen Raume des Altvatergebirges beobachtet und gedeutet, *Bederke* (9). Dieser kommt zu der Vorstellung eines größeren Granitplutons unter dem Altvatergewölbe (Kepernikgneis) und man ist versucht, auch im Gebiete von Badgastein einen magmatischen Restherd in nicht allzugroßer Tiefe anzunehmen, von dem sowohl die Erzgangsbildung wie auch eine umfangreiche Mineralisation und letztlich auch die Thermaltätigkeit, verbunden mit eigenartigen Wärmeerscheinungen, ihren Ausgang nahmen.

Eine genauere Untersuchung der pegmatoiden Adern zeigt, daß sie vielfach Kalifeldspat (ohne Perthit) neben albitreichem Plagioklas und auch Schachbrettalbit mit Kalifeldspatresten führen. Somit reicht die Schachbrettbildung bis in die pegmatoidhydrothermale Phase der Mineralentstehung hinein. Ferner findet sich immer Quarz (teilweise Rauchquarz), sehr häufig Karbonat, Muskowit neben grünem Biotit, Zoisit (Epidot), Titanit und Turmalin. In anderen Adern ist Rutil und Apatit angereichert und auch blauer Beryll hat eine weitere Verbreitung. Diese Mineralausscheidungen stellen sicherlich keine reinen pegmatitischen Restbildungen dar, sondern zeigen alle Übergänge zu hydrothermalen Gangfüllungen. Ihrem Stoffbestand nach weisen sie eine gewisse Kalivormacht auf, mitunter einen bemerkenswerten Beryllium- bzw. Borgehalt, während später eindringende, quer greifende Aplite gemäß ihrem Natronfeldspatgehalt eine Natronvormacht erkennen lassen. Es hat vielfach den Anschein, als ob sich die Mineralfüllung der jüngeren Klüfte unmittelbar aus dem Stoffbestand der älteren pegmatoiden Injektionen herleiten ließe, ohne eine maßgebliche Lateralsekretion aus dem Nebengestein.

Übersicht über die Mineralkluft- und Erzgangsbildungen.

Es ist aus Gründen der Übersichtlichkeit angebracht, die Vielfalt der beobachteten Mineral- und Erzbildungen in ein natürlich begründetes Schema zu bringen, wobei versucht wurde, auch die Altersfolge möglichst zu berücksichtigen.

I. *Aplite* und *Pegmatite* (Pegmatoide). Diese teils älter, teils jünger als die Aplite. Jüngere Aplite zeigen Plagioklasvormacht, im Syenitgneis aber auch reichlich Kalifeldspat.

1. Pegmatoide Adern, vielfach in der Schieferung mit Abzweigungen, aber auch O—W streichende und südfallende Adern mit Kalkspat.

1 a. Rauchquarz, Feldspat mit blauem Beryll; sowohl im obersten Bereich des Siglitzgneises (Kreuzkogel) als auch im Syenitgneis (Romaten, Astenbach); im Gebiete der Romaten in weiße Quarzgänge mit Beryll übergehend.

1 b. Flach fallende Quarzlagen (fast im Lager) mit Kupferkies, Magnetkies, Bleiglanz, Molybdänglanz, örtlich rosa Kalzit und blauer Beryll (im unmittelbaren Gebiet von Badgastein).

1 c. Quarz (undulös), Plagioklas (sehr albitreich), Kalifeldspat, Chlorit, grüner Biotit, bräunlicher Kalkspat und strahliger Turmalin; ebenfalls in Quarzadern mit Turmalin (Rinne unter dem Kraxentrager) übergehend.

1 d. Quarz, rötlicher und bläulichgrauer Kalkspat, mitunter auch Feldspat, Pyrit, selten: grüner Fluorit (beim Bärenfall). Häufiger Fundort dieser Adern beim Kesselfall.

1 e. Quarzadern, zum Teil auch mit Kalifeldspat und Plagioklas, manchmal mit Rutil (Radhausberg, Siglitz-Unterbaustollen).

1 f. Als besondere Übergangsform finden sich miarolithartige Hohlräume in Verbindung mit pegmatoiden und aplitischen Adern an Kreuzungsstellen mit Gangspalten und folgender Mineralisation: Bergkristall, Adular, Chlorit, Titanit, mitunter auch Apatit. (Gemeindesteinbruch bei der Bundesbahnhaltestelle Böckstein, ferner oberhalb des Kesselfalles, Siglitz-Unterbaustollen.)

II. 2. O—W verlaufende, taube Quarzgänge, die in Hohlräumen bloß Bergkristall enthalten und mit Ausnahme von etwas Pyrit praktisch erzfrei sind. Hauptsächlich im Gebiet des obersten Ödenkares auftretend.

3. Gangquarz (sogenannte Blätterbildungen nach *K. Reissacher*) im Gebiete des Radhausberges in drei Horizonten:

Oberster Horizont: mit hohem Freigoldgehalt.

Mittlerer Horizont: hauptsächlich mit Pyrit, Arsenkies und Bleiglanz.

Unterster Horizont: mit mehr Quarz-Feldspatausscheidungen, sowie Pyrit-Kupferkies, selten auch Magnetkies, Bleiglanz, Zinkblende, Gold zusammen mit Glaserz (= Wismut-Tellurerze usw. — siehe die Arbeit von *W. Siegel* in dieser Festschrift).

4 a. Obere Klüfte (über etwa 2000 m Höhe). Im Ausgehenden der Erzgänge ist der Quarz meist rostig, der Pyrit weitgehend limoni-

tisiert. In unmittelbarer Nähe finden sich zahlreiche Mineralklüfte von gleicher Streich- und Fallrichtung: N 20°—40° Ost, Fallen entweder Ost oder West. Kluftmineralien: Rauchquarz-Bergkristall, Adular, Rutil, Kalkspat, Pyrit.

4 b. Bei vorwiegend West-Fallrichtung finden sich in den tieferen Horizonten unter 2000 m vielfach Desmin und Fluorit (111), z. B. im Steinbruch Naßfeld, aber auch als relativ junge Bildungen in den Quellklüften von Badgastein.

III. 5. Jung-hydrothermale Kluftbildungen im Unterbaustollen des Radhausberges: Blättriger Kalkspat (zum Teil Papierspat), Desmin, Fluorit, stumpfpyramidaler Quarz, Chalcedon, Glasopal, zusammen mit rotem Eisenocker und Spuren von Uransilikaten der Uranotilgruppe, ferner ganz jungen Uranylkarbonat-Sulfaten.

Die Mineralvergesellschaftung im engeren Gebiet von Badgastein.

Bereits von *K. Reissacher* (3 a) wurden in der Begleitung tauber Gänge zum Teil in unmittelbarer Nähe von Thermalquellen in Badgastein, die vorzugsweise N—S streichen und meist nach West einfallen, folgende Mineralien als häufig vorkommend angegeben: Fluorit, Zeolithe, Molybdänglanz und Beryll (von *R.* irrtümlich als Blauspat bezeichnet). Ferner im schiefrigen, quarzreichen Gneis: Nach Zügen aus Nord und Süd Erzspangen bis zu 2 Zoll Mächtigkeit, bestehend aus Kupferkies, Eisenkies, etwas Bleiglanz, brauner Zinkblende und Molybdänglanz (bei Aufschlußarbeiten an der Franz-Josefs-Quelle). Fluorit (grüne Oktaeder) ist auch von der alten Franzens-Quelle und von der Grabenbäcker-Quelle bekannt geworden. Nach einer mündlichen Angabe von *J. Kenett* kommt Fluorit auch im Quellschacht der Sophien-Quelle vor. Darüber hinaus sind uns noch folgende Fluoritvorkommen im Gebiete von Badgastein bzw. in der nächsten Umgebung bekanntgeworden: Bei der Wildbachverbauung des Palfnerbaches, ferner beim Bahnbau zwischen Badgastein und Böckstein (nach *Becke* abgestürzte Blöcke vom Hohen Stuhl) wurden schöne, teils smaragdgrüne Oktaeder mit Quarzkristallen in Gneisklüften festgestellt. Auch in der Umgebung des Steinbruches Hirschau (auf halbem Wege zwischen Böckstein und Badgastein) konnten zusammen mit einem eigentümlichen Hornstein und Quarz solche Fluoritoktaeder gefunden werden. In Klüften (N—S streichend und steil nach West fallend) an der sogenannten schwarzen Wand finden sich reichlich fast farblose Fluoritwürfel bis einige Zentimeter Kantenlänge, selten in der Kombination (100), (110). Ebenso fand sich Fluorit in dem aufgelassenen Steinbruch bei der Pyrkerhöhe nächst der großen Gletschermühle zusammen mit Desmin und Pyrit in Zentralgneisklüften. Siehe *A. Köhler* (5).

An der Felswand hinter dem Hotel Austria, wo kürzlich umfangreiche Sprengungen vorgenommen worden waren, wurde ebenfalls Fluorit in Würfeltracht mit kleinen Oktaederabstumpfungen gefunden. Diese Felswand zeigt in sehr instruktiver Weise die verschiedenen Kluftrichtungen im Gneis, und zwar sowohl die abgelenkte Erzgangsstreich- und -fallrichtung von N 4—8^0 Ost, Fallen 70—80^0 Ost, offenbar verworfen (im unteren Teil der Felswand nach West) durch eine jüngere Fäulen-Kluftrichtung mit deutlichen Quarzgängen im oberen Teil (Streichen 23—25^0 W, Fallen 40—60^0 W). Im unteren Teil beobachtet man Klüfte in der normalen Fäulenrichtung (mit Streichen N 10^0 W, Fallen 60—70^0 W) ohne wesentliche Quarzfüllung, mit einem in der Schieferung liegenden größeren Hohlraum, der mit einem limonitischen, reissacheritähnlichen Mulm erfüllt ist. Außerdem finden sich fast in der Schieferung liegende, vielleicht O—W streichende Quarzschichten, die an Querklüften mit grünlichen Kalzitsinterkrusten und Glasopalhäutchen überzogen erscheinen und stellenweise Kupferkieseinlagerungen mit sekundären Kupfermineralien (vorwiegend Azurit und Malachit) enthalten, die auch örtlich das Nebengestein imprägnieren. Der Reissacherit spricht vor dem Zählrohr deutlich an und kann nach einer spektrographischen Aufnahme von *E. Schroll* als echter Reissacherit mit kennzeichnenden Spurenmetallen (Bi, Sn) bezeichnet werden. Seine Aktivität konnte von *Scheminzky* und *Rüling* auch durch Bestrahlung von Kernplatten nachgewiesen werden.

Außer den genannten Fundorten mögen noch folgende erwähnt werden: In einem künstlichen Aufschluß beim Hotel Europe fanden sich in einer Quarzader in etwas aplitischem Gneis Molybdänglanz, blauer Beryll in kleinen Säulchen, Pyrit und rosa Kalzit, ferner Bleiglanz, Kupferkies und Magnetkies. Im aufgelassenen Steinbruch Hirschau wurde nach einer Angabe von *Frohnwieser* auch Magnetkies in größeren Partien gefunden. Hier wurde von *P. Gugganig* auch gelegentlich eine sehr schöne Skolezitdruse mit farblosen Kristallen von mehreren Zentimeter Kantenlänge aufgefunden.

Vorkommen im Naßfeldertal und am Südwestabhang des Ortberges:

Eine Reihe kleinerer und wenig beachteter Mineralvorkommen findet sich in Klüften hauptsächlich in der Nähe des Kesselfalles und an der orographisch linken Talseite an den steilen Abhängen des

Ortberges bzw. des Tischkogels. Beim Kesselfall: pegmatoide Adern mit rötlichem und blaugrauem Kalzit. Ferner in Gneisklüften Adular, Pyrit, Chlorit, sowie winzige Titanitkriställchen von brauner Färbung. An den Hängen gegenüber dem Gasthaus Alraune: Adular, Chlorit, Kalzit, winzige sehr flächenreiche Apatite (fast farblos) und Fluorit auf Aplit von hellblauer Fluoreszenz. Beim Bärenfall: in pegmatoiden Adern Rauchquarz und roter Kalkspat, daneben auch Pyrit, grüner Fluorit und Eisenglanz. Nach einer Angabe von *A. Haider* wurde beim Schleierfall violetter Fluorit gefunden. Vom gleichen Finder wurden zusammen mit *J. Frohnwieser* in den Steilhängen oberhalb der Ortbergalm aus Gneisklüften einige Zentimeter große Adularkristalle herausgeholt.

Die Mineralvergesellschaftung im Steinbruch bei der Haltestelle Böckstein.

In einem zum Teil porphyrartigen Granitgneis von muskowitreichem, saurem Typus (die Schieferungsebene streicht N 45° O, fällt 20° W), treten zahlreiche aplitische bis pegmatoide Adern in unregelmäßiger Form und Lage auf, welche in kleinen Klüften und Hohlräumen zahlreiche Mineralien in gut ausgebildeten Kristallen, aber mit meist nur recht kleinen Dimensionen führen. Außer diesen Adern beobachtet man auch die normalen Kluftrichtungen (N 15 bis 30° O, Fallen 70° O) zum Teil mit Pyritinkrustationen und schwärzlichbraunen reissacheritähnlichen erdigen Überzügen, welche ältere O—W streichende Quarzgänge, die nur an einigen Stellen, z. B. oberhalb des Steinbruches untergeordnet auftreten, durchqueren. Dunkelbraune reissacheritähnliche Ablagerungen (siehe die spektrographischen Untersuchungen von *F. X. Mayer*) finden sich auch in den höheren Partien des Steinbruches an Absonderungsflächen und in Klufttaschen (N 80° O streichend, 60—85° SSW fallend). Daneben finden sich auch N 70° O streichende, fast seiger stehende Klüfte. Die Mineralisation der Adern beschränkt sich im wesentlichen auf die oberen im NO des Steinbruches gelegenen Bereiche und hat folgende Paragenese:

Bergkristall: Zumeist spitzsäulig, manchmal modellartig doppelendig, bis 10 cm lang.

Chlorit: Dunkelgrüne, rosettenförmig angeordnete Aggregate von scheibenförmigen Kristallen und wurmartig gekrümmte Formen.

Adular: Farblose, meist unter 1 cm große Kristalle von normalem Habitus.

Titanit: Bis einige Millimeter große, stark glänzende Kristalle mit fleckig verteilter rötlichbrauner Färbung. Die Kristalltracht ist nach

Messungen von Dr. *J. Zemann* ähnlich der vom Wannenhorn aus dem Binnental in der Schweiz. Siehe das Werk von *Parker, Königsberger, Niggli:* Die Mineralien der Schweizeralpen.

Die pseudobipyramidale Tracht (Abb. 1) wird vor allem durch die Flächen s (021) und t (111) bedingt. Bei den ziemlich unregelmäßig ausgebildeten Kristallen wurden folgende Flächen gemessen:

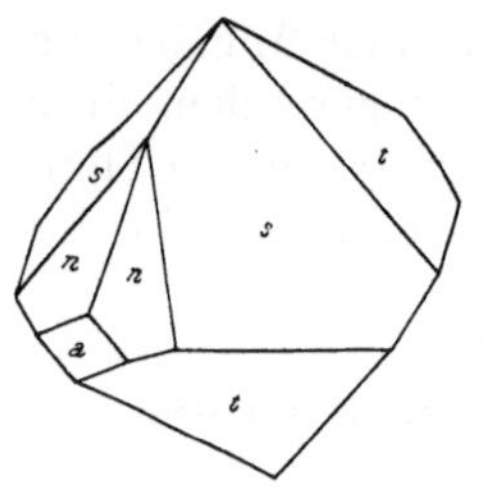

Abb. 1. Titanit von Böckstein (gezeichnet von Dr. J. Zemann).

$$a \ (100)$$
$$s \ (021)$$
$$n \ (111)$$
$$t \ (\bar{1}11)$$

Die Aufstellung erfolgte nach *V. Goldschmidt.*

Fluorit: Farblose bis blaßgrüne Oktaeder von 1 bis 4 mm Kantenlänge.

Fluoreszenz: Bei Zimmertemperatur sehr schwach blaßblau (bisweilen auch blau mittlerer Helligkeit), bei Tieftemperatur hellgelbgrün (zweiwertiges Ytterbium! analog pegmatitischer Vorkommen).

Desmin: In recht charakteristischen, zum Teil garbenförmigen Kristallaggregaten von gelblicher bzw. schmutzigweißer Farbe.

Apatit: Als Seltenheit kommen farblose, sehr flächenreiche Kristalle, bis maximal 2 mm Größe, zusammen mit Adular vor, gemessen von Dr. *J. Zemann.*

$$m \ (10\bar{1}0) \qquad\qquad s \ (11\bar{2}1)$$
$$a \ (11\bar{2}1) \qquad\qquad \mu \ (11\bar{3}1)$$
$$r \ (10\bar{1}2) \qquad\qquad n \ (31\bar{4}1)$$
$$x \ (10\bar{1}1) \qquad\qquad c \ (0001)$$
$$y \ (20\bar{2}1)$$

Außerdem finden sich nur selten:

Anatas in gelblichen spitzpyramidalen Kristallen mit Muskowit.

Skolezit in langstengligen Kristallen bis 3 cm Länge. Kalzit findet sich sowohl als Blätterspat, wie auch in Form doppelendiger skalenoedrischer Zwillinge.

Von Sulfiden ist Pyrit ziemlich verbreitet, Magnetkies wird nur stellenweise angetroffen. Titaneisen in Form kleiner Blättchen tritt häufig auf.

Die Mineralvergesellschaftung im Tauerntunnel.

Anläßlich der Vortriebsarbeiten im Tauerntunnel, der fast 1500 m unter dem Tauernkamme zwischen Gamskarlspitze und Göttingerspitze das Gasteiner Anlauftal mit dem Mallnitztal in Kärnten verbindet, wurden von *F. Becke* (21) an der Nordseite und von *F. Berwerth* (22) an der Südseite genaue Aufnahmen über die dort gefundenen Gesteine und Mineralien gemacht. Außer den häufiger auftretenden chloritführenden Klüften wurden eigentlich nur wenige Mineralien in kleinen Drusenräumen gefunden, und zwar: Bergkristall, Kalkspat, Laumontit und einmal auch Skolezit. In Quarzadern und in aplitischen Schnüren wurde gelegentlich Molybdänglanz und Magnetkies angetroffen.

Der Radhausberg-Unterbaustollen (= Paselstollen).[1]

Die weitaus interessanteste, ja geradezu einzigartige Mineralvergesellschaftung wurde in dem Stollen beobachtet, der zwecks Unterfahrung der Goldquarzgänge des oberen Radhausberges in den Jahren 1940 bis 1943, schnurgerade in der Richtung N 30 W, vorgetrieben wurde. Das Mundloch des Stollens befindet sich in der Seehöhe von 1279 m, zirka 70 m über dem Fahrwege, der von Böckstein ins Naßfeld führt, unweit der Astenalm und des Gasthauses „Alraune". Ein genaues Profil der im Stollen vorkommenden Gesteine wurde von *Chr. Exner* (6) aufgenommen und soll hier nicht weiter diskutiert werden. Die uns hier besonders interessierenden Mineralien finden sich fast durchwegs in Klüften im Bereiche des Augengneises. Nach bisher unveröffentlichten Angaben des Bergverwalters und seinerzeitigen Betriebsleiters *K. Zschocke* wurden vom Mundloch bis vor Ort in 2425 m Länge 140 Klüfte durchfahren, von denen 30 nach Ost einfallen und zu den echten Gangklüften gehören, während die anderen 110 Klüfte nach Westen verflachen und nach *Zschocke* Überschiebungen darstellen, wobei in drei Kluftzonen sogar größere Gebirgsverschiebungen vor sich gegangen sind, an denen auch ein Gesteinswechsel zu erkennen ist. Von Bedeutung für die Mineralführung sind vor allem die ungefähr N 20°—45° O streichenden und steil mit 60°—80° nach Osten einfallenden Klüfte, die nur ganz selten und untergeordnet Erz, dafür aber reichlich Quarz, Fluorit, Desmin und Kalkspat führen. Als jüngste Bildung wurden hier verschiedene gelblichgrüne Uranmineralien gefunden, die zumeist in winzigen radialstrahligen Gruppen auf Desmin und Blätterspat, stellenweise auch auf klüftigem Gneis selbst aufgewachsen sind. Diese Uranmineralien waren von *K. Zschocke* zunächst als Uranblüte bezeichnet worden und konnten erst nach

---

[1] Eine allgemeine Darstellung der bisher durchgeführten Forschungsarbeiten wurde kürzlich von *F. Scheminzky* (23) gegeben.

langwierigen und mühevollen Untersuchungen näher identifiziert
werden. Im wesentlichen liegen Mineralien der Uranotilgruppe (also
silikatische Uranmineralien), als jüngere Bildungen auch Uranocker
mit SO_3, wahrscheinlich Zippeit und Uranylkarbonat-Sulfat (Schrök-
kingerit), sowie als jüngste Bildung ein uranylhältiger Glasopal
zusammen mit Gips vor. Diese Mineralien sind zwar in einigen
Klüften verbreitet, kommen aber nirgends in größerer Menge vor, so
daß wir trotz umfangreicher Aufsammlungen ständig mit großen
Materialschwierigkeiten bei der Untersuchung zu kämpfen hatten
und daher manche wünschenswerte Untersuchung nicht durch-
führen konnten. Uranpecherz konnte überhaupt nicht, auch nicht in
Spuren aufgefunden werden. Es fehlen auch die hiefür charakteristischen Anzeichen, wie der rötliche Dolomit, ferner alle Kobalt-,
Nickel- und Silbermineralien, sowie der dunkelviolett verfärbte
Fluorit, wie sie etwa von Joachimstal bekannt sind. Die Art des
Vorkommens und der Entstehung der Uranmineralien von Badgastein ist ganz anders als bei den bisher bekannten, auch nur
irgendwie verwertbaren Uranlagerstätten. Darauf wollen wir auf
Grund unserer eingehenden Untersuchungen mit besonderem Nach-
druck verweisen, da phantasiebegabte Journalisten in der Presse
wiederholt von „unermeßlichen Uranlagern bei Gastein" berichtet
haben, die nicht existieren. Auf die Herkunft der tatsächlich
vorhandenen geringen Uranmengen wird später eingegangen
werden.

Erstmalig wurden diese Mineralien von Betriebsleiter *K. Zschocke*
beim Vortrieb des Hauptstollens in einer Liegendkluft bei 1624 m
auf Desmin zusammen mit Fluorit entdeckt, und bald darauf auch
an einer zweiten Stelle bei 1640 m. Vor allem treten sie im nördlichen Auslängen der Hauptgangkluft (bei 1888 m des Hauptstollens)
bei folgenden Stollenmetern auf: 420 m, 500 m, 545 m, 560 m und
580 m. So schwierig ihre Erkennung im Lichte der Grubenlampe ist,
so leicht könnten sie auf Grund ihrer Fluoreszenz im ultravioletten
Lichte einer Quarzlampe mit U.-V.-Filter erkannt werden. Es wurde
festgestellt, daß die Uranmineralien vielfach einseitig im Liegenden,
aber auch im Hangenden offener Klüfte aufsitzen. Eine besondere
Gesetzmäßigkeit in der Verteilung oder in der Anordnung ist im allgemeinen nicht festzustellen. Es wurde jedoch bei der jüngsten
(rezenten) Bildung, dem sogenannten „Neogastunit" (= Schrök-
kingerit), der sich an den Ulmen meist in der Nähe der Stollensohle
findet, vielfach eine perlschnurartige Anordnung der kleinen knolligen Aggregate beobachtet, deren Lage wohl auf die durch die
Wetterführung bedingte Verschiedenheit der Luftfeuchtigkeit im

Höhenprofil des Stollens zurückzuführen ist. Der begleitende Kalkspat und Quarz, sowie der Desmin sind in den Klüften fast nie symmetrisch, sondern fast stets nur einseitig ausgeschieden worden. So konnte vielfach im Hangenden Desmin, im Liegenden aber Quarz oder Blätterspat beobachtet werden.

Im südlichen Kluftauslängen konnten zunächst keine Uranmineralien gefunden werden, bis es Fräulein *Müller* und einem von uns gelang, bei Stollenmeter 120 und 420 solche zu entdecken. Bei 120 m tritt auf Blätterspat zusammen mit rotem Eisenocker ein im U.-V.-Licht grün leuchtendes Glied der Uranotilgruppe in feinen Nadeln auf, während sich bei 420 m zusammen mit limonitisiertem Pyrit und sekundären Kupfermineralien (Malachit) winzige gelbliche ockerige Aggregate eines feinstkristallinen Uranminerales auf Quarz vorfinden. Dieses wurde zunächst auf Grund einer grüngelben Fluoreszenz als dem Uranopilit ähnlich bezeichnet, doch dürfte nach neueren optischen und fluoreszenzmikroskopischen Prüfungen eher Zippeit oder ein diesem ähnliches Mineral vorliegen. Erze treten in diesen Klüften nur sehr untergeordnet auf, meist oxydierter Pyrit oder seltener Kupferkies, ganz selten Freigold.

Es kann ein grundlegender Teufenunterschied (primär?) im Vergleich mit der Erz- und Mineralführung in den Klüften der höher gelegenen Teile des Radhausberges festgestellt werden, wo sowohl die Zeolithe (über 2000 m Seehöhe) als auch jegliche Uranmineralien vollständig fehlen, obwohl die Kluftrichtungen im großen und ganzen übereinstimmen. Im Unterbaustollen streichen die Zeolith-Blätterspatklüfte im allgemeinen N 20—50° Ost und fallen ziemlich steil (60—80°) nach OSO. Reine Desminklüfte mit zum Teil recht schön ausgebildeten Kristallen haben eine abweichende Streichrichtung: 5—15° West (ausnahmsweise bis 40° West) und ein Fallen von 60—80° Süd. Nicht in direktem Zusammenhange mit diesen offenbar sehr jungen thermalen Mineralbildungen stehen bei Stollenmeter 1500 des Hauptstollens angefahrene Hohlräume in einem aplitischen Gneis, welche farblose würfelförmige Apophyllitkristalle (bis fast 2 cm Kantenlänge) neben Bergkristall, Adular, Chlorit, Laumontit, Kalkspat mit ($10\bar{1}1$) und (0001) und kleinen rötlichbraunen Titanitkriställchen enthielten. Ferner kommen ausgesprochene Granatfelse (mit braunrotem Granat) im Kontakt zwischen Grünschiefer und aplitisierten Gneisen vor. Untergeordnet und nur lokal treten auch Schmitzen von Bleiglanz, Kupferkies und Magnetkies auf. In Derbquarzschmitzen wurde mehrfach dünnblättriger Ilmenit in Tafeln bis 5 cm Durchmesser, randlich oft mit einem rötlichen Saum von Titanit, sowie sagenitartige Bildungen, gefunden.

Kurze Beschreibung der einzelnen Mineralien.

Quarz: Meist trübe, kurzpyramidale Kristalle (bis 0·5 cm) als Überzüge auf plattigem Derbquarz, der vielfach den Kern und Ausgangspunkt für die nachfolgende Mineralisation bildet [1].

Glasopal: Kugelige, traubige und stalaktitische Gebilde, meist vollkommen farblos, jedoch auch gelblich getrübt durch Einschlüsse winziger Nädelchen von Uranmineralien, zusammen mit Kalkspat und Gips. Größe meist nur wenige Zehntelmillimeter,

Kalkspat: Vorwiegend als ganz dünnblättriger (nur wenige Zehntelmillimeter), weiß seidenglänzender Blätterspat mit bis 6 cm großen Tafeln (als jüngste Kalkspatgeneration). Als mittlere Kalkspatgeneration tritt sehr häufig und ausgedehnte Rasen bildend ein fast farbloser Typ Kalkspat auf, der neben dem nur ganz kurz entwickelten (manchmal kaum feststellbar) vertikalen Prisma ein flaches Rhomboeder zeigt. Aufwachsfläche ist durchwegs eine Prismenfläche. Durch die stets zu beobachtende mehr minder parallele Verwachsung zahlreicher Individuen kommt es vielfach zu treppenförmigen und rosettenförmigen Gebilden. Dimensionen der Kristalle: Im Durchschnitt bis 1 cm in Richtung der größten Erstreckung. Als ältester Typ (nur selten beobachtet) tritt eine blaßblaue langsäulige Form auf, bestehend aus dem vertikalen Prisma $(10\bar{1}0)$ und der Endfläche (0001). Diese bis zu fast $^1/_2$ cm langen Kristalle sind fast durchwegs zu garbenförmigen (auch gekrümmten) Gebilden verwachsen und stets mit einer Prismenfläche auf der Matrix aufsitzend.

Die Fluoreszenz im gefilterten U. V. meist kaum merklich, Thermolumineszenz: weißlich.

Fluorit: Meist derbkristallin, vielfach mit guter oktaedrischer Spaltbarkeit, von schöner lichtgrüner Färbung. Bis mehrere Zentimeter starke Schichten über Derbquarz, nur lokal auftretend. Fluoreszenz bei Zimmertemperatur: hellblau, bei Tieftemperatur: hellgelbgrün. Die Thermolumineszenz ist zunächst bläulich und wird dann gelblichlila.

Als jüngere Bildung finden sich auch vereinzelt kaum millimetergroße farblose Kristalle (Würfel oder die Kombination Würfel-Rhombendodekaeder) auf Kalkspat, die keinerlei Fluoreszenz aufweisen.

Desmin: Meist dicktafelige Kristalle (bis 1 cm), farblos bis weiß, mit den Flächen: (010), (110), (001) und $(10\bar{1})$. Eine ähnliche Tracht wurde bereits von *A. Köhler* (5) aus Badgastein beschrieben.

Roteisen und Limonit: Stellenweise in die Kristallisation des Desmins eintretend und diesen rot färbend. Sonst nur als rotbraune

---

[1] Untergeordnet kommt auch Chalcedon vor.

Krusten von Eisenocker, sowie als winzige glaskopfartige Bildungen.

Apophyllit: Farblose bis weißliche, würfelförmige Kristalle, mit (100), (010), (001) und untergeordnet (111). Kantenlänge bis 2 mm. Meist auf Kalkspat. Auch säulig nach c (wasserklar mit großen Pyramiden), sowie Übergänge zu tafeligen Typen.

Laumontit: Als letzte Bildung, weiß seidenglänzend, mit (110) und (001), vielfach aufgeblättert; winzige Kristalle, meist in Zwikkeln auskristallisiert.

Uranmineralien. (Tabelle 1.)

Wie schon früher erwähnt, handelt es sich in unserem Gebiet nur um ein mineralogisch interessantes Vorkommen, keinesfalls aber um eine auch nur im bescheidensten Maße nutzbare Lagerstätte.

Die charakteristischen Eigenschaften der untersuchten Uranmineralien werden in der folgenden Tabelle übersichtlich dargestellt, doch soll hier auf gewisse Einzelheiten eingegangen werden. Die Fluoreszenzspektren wurden in ihrer Mehrzahl bereits gesondert veröffentlicht (24).

Unbekanntes Mineral der Uranotilgruppe: Typus 1 (Heller Leuchter, Abb. 2 und 3). Auf Grund des Debye-Scherrer-Diagramms stimmt dieses Mineral nicht mit Uranotil oder Beta-Uranotil überein und konnte bisher nicht mit irgend einem bekannten Uranmineral identifiziert werden. Eine spektrographische Analyse von *E. Schroll* ergab U, Ca, Si als Hauptkomponenten. Wir bezeichnen dieses Mineral vorläufig als Gastunit Nr. 1 und hoffen, daß einmal eine quantitative Mikroanalyse ausgeführt werden kann, welche genauen Aufschluß über die chemische Zusammensetzung gibt. In Salzsäure unter Abscheidung von Kieselgallerte löslich.

Unbekannter Natur sind auch die Mineraltypen 1 a und 1 b, welche zum Teil dem Typ 1 ähnlich sind. Diese Typen 1 a und 1 b sind in Bezug auf ihre Lichtbrechung deutlich voneinander unterschieden. Während sich 1 a punkto Lichtbrechung offensichtlich an Typus 1 anschließt und sich von diesem hauptsächlich durch mangelnde Färbung und abweichende Kristallform unterscheidet, ist die Lichtbrechung bei 1 b wesentlich höher. Hingegen ist die Fluoreszenz und das Fluoreszenzspektrum von 1 b weitgehend dem von 1 ähnlich. Es scheint bei dieser wohl nur schwer identifizierbaren Gruppe von Mineralien verschiedene Übergangsformen zu geben, da sowohl Färbung wie Lichtbrechung gewisse Schwankungen erkennen lassen. Es hat fast den Anschein, als ob hier bestimmte isomorphe Mischungen oder aber adsorptive Komplexverbindungen zeolithartigen Charakters vorliegen würden. Bei den winzigen spitznadeligen Kristallen von 1 a gewinnt man manchmal den Eindruck, als ob sie in kontinuierlichem Übergange aus einem Kern vom Typus 1 heraus- und fortwachsen würden. Diese Mineralien haben durchwegs eine niedrigere Lichtbrechung als die folgenden, welche eindeutig als Glieder der Uranotilgruppe identifiziert werden konnten.

Beta-Uranotil (Typus 2 a)

$Ca(UO) . (UO_2) . (SiO_4)_2 . . 6 HO_2$, nach *Strunz:* $CaU_2 [(OH)_3 / SiO_4]_2 . 4 H_2O$.

Dieser unterscheidet sich von dem Original-Beta-Uranotil von Joachimstal, der von *R. Nováček* (25) beschrieben wurde, durch seine deutlichere grüne Fluoreszenz. Bei fluoreszenzmikroskopischer Betrachtung erkennt man häufig eine ausgeprägt zonare Anordnung verschieden stark fluoreszierender Zonen, ohne daß deren Grenzen den sichtbaren Kristallbegrenzungsflächen parallel gehen würden. Es besteht hingegen eine weitgehende Übereinstimmung in den kristallographischen und den optischen Eigenschaften. Obwohl die Werte der Lichtbrechung recht gut übereinstimmen, ist die Auslöschung c/γ auf (010) wesentlich kleiner als bei *Nováček* von Joachimstal angegeben. Sie stimmt relativ gut mit der beim Beta-Uranotil von *Mitchell-Co.* beobachteten überein. Manchmal wird beim Gasteiner Beta-Uranotil eine Art von Zonarstruktur von unregelmäßiger Ausbildung be-

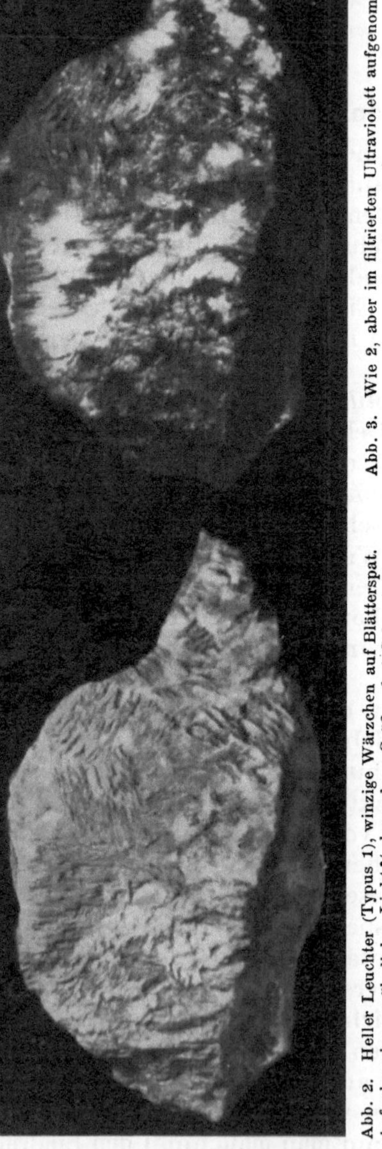

Abb. 2. Heller Leuchter (Typus 1), winzige Wärzchen auf Blätterspat. Aufnahme im gewöhnlichen Licht $^2/_3$ der wahren Größe, phot. Scheminzky.

Abb. 3. Wie 2, aber im filtrierten Ultraviolett aufgenommen, phot. Scheminzky.

obachtet, mit größerem Auslöschungswinkel c/γ im Kern und kleinerem in der Hülle. Diese Erscheinungen deuten möglicherweise eine Isomorphie von zwei Komponenten an, von denen eine vielleicht blei-, die andere calciumhaltig ist, worauf bereits *Nováček* (25) hingewiesen hat.   Blei wurde bei unserem Vorkommen spektrographisch festgestellt. Auch der Beta-Uranotil von *Mitchell-Co.* soll Blei enthalten.

Wenngleich hier eine eingehende morphologische Beschreibung unterbleiben muß, so sei hier doch noch darauf hingewiesen, daß hier auch die gleichen Zwillinge vorkommen, wie sie *Nováček* von Joachimstal beschrieben hat. Ebenso besteht auf Grund der Debye-Scherrer-Diagramme eine vollständige Übereinstimmung mit dem Beta-Uranotil von Joachimstal (Originalstück Nr. J 3747 aus der Sammlung des Mineralogischen Wiener Naturhistorischen Museums, welches seinerzeit von *Nováček* selbst bestimmt wurde). Bei einer spektrographischen Aufnahme im Abreißbogen wurde von *Fr. X. Mayer* (mit einem Zeiss-Spektrographen Q 24) neben Uran auch Blei und Thorium festgestellt.

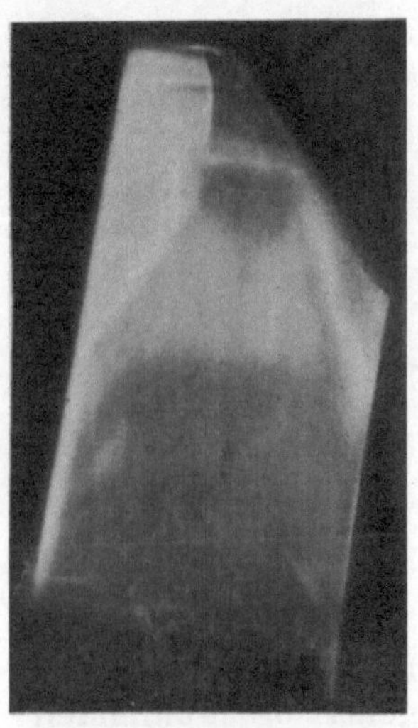

Abb. 4.   Beta-Uranotil, Zonarbau verschieden fluoreszierender Schichten. Im filtrierten U.-V.-Licht mit Fluoreszenzmikroskop von C. Reichert aufgenommen. Vergr. 360 mal, phot. Scheminzky.

Obwohl hier der Beta-Uranotil wie in Joachimstal auftritt, besteht keinerlei Hinweis auf ein auch nur bescheidenes Uranpecherzvorkommen, da die Mineralvergesellschaftung eine ganz andere ist und sich bekanntlich an vielen Orten der Erde sekundäre Uranminerale finden, ohne daß praktisch verwertbare Lagerstätten vorliegen (z. B. in Pegmatiten). Auch in Wölsendorf kommen solche zusammen mit Fluorit in Granit vor, die praktisch bedeutungslos sind. Die dort vorkommenden Uranminerale wurden von *A. Schoep* und *A. Scholz* (26) eingehend beschrieben und sind auch für den Vergleich mit unserem Vorkommen wichtig. Gerade das Vorkommen von vorwiegend Uransilikaten spricht gegen eine größere primäre Uranlagerstätte und läßt eher die Abscheidung aus granitischen Restlösungen (bei niedrigerer Temperatur als im rein pegmatitischen Stadium abgeschieden) als wahrscheinlich erscheinen. Grundsätzlich wäre es natürlich auch möglich, daß im Zuge der Metamorphose und hydrothermaler Durchtränkung Uranylverbindungen aus bestimmten gesteinsbildenden und teilweise instabil gewordenen Mineralien, wie etwa Zirkon und Orthit, mobilisiert worden sind und dann Anlaß zur vorliegenden Mineralneubildung gegeben haben (siehe auch die späteren Ausführungen). Wir kennen durch die Untersuchungen von *H. Hirschi*

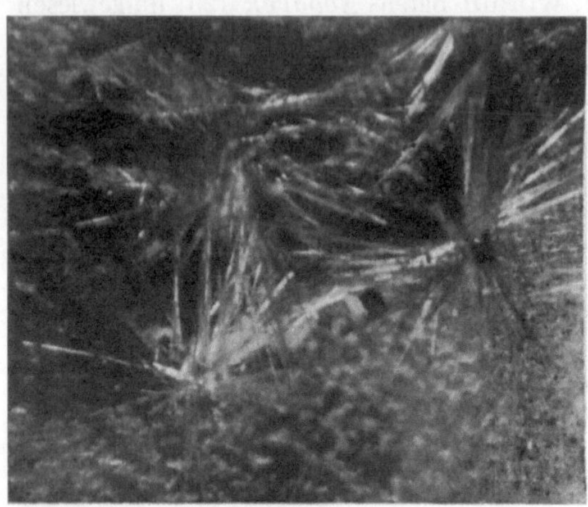

(27) ein in der Paragenese mit Zeolithen (Chabasit) sehr ähnliches Vorkommen eines dem Beta-Uranotil ähnlichen Minerals in Form von feinen nadeligen Überzügen von gelbgrüner Farbe auf einem weitgehend veränderten Biotitgranit aus dem Bergell. Auch dort liegt kein praktisch verwertbares, sondern nur ein in Spuren auftretendes Vorkommen vor, welches offenbar ein hydrother-

Abb 5. Uranotil (Typus 2 b), radialstrahlige Gruppen auf Gneiskluft. Vergr. 16 mal, phot. Schiener.

males Umwandlungsprodukt darstellt. Von *Hirschi* wurden in Bergeller orthitführenden Gesteinen Pechblendespuren entdeckt, die ebenfalls keine praktische Bedeutung haben.

Uranotil? Typus 2 b (grüner Leuchter) (Abbildung 5):

Dieses Mineral ist sowohl nach dem optischen wie nach dem röntgenographischen Befund dem normalen Uranotil weitgehend ähnlich, wie er von Wölsendorf beschrieben wurde (26). Dagegen zeigt sich bei dem Gasteiner Vorkommen

Abb. 6. Schröckingerit, Vergr. 10 mal, phot. Scheminzky.

ein deutliches grünes Leuchten im filtrierten Ultraviolett, im Gegensatz zum Wölsendorfer Material, welches nur schwach grünlichgelb oder gar nicht leuchtet. Allerdings läßt die fluoreszenzmikroskopische Untersuchung kein einheitliches Leuchten in den winzigen Kristallstengeln erkennen, denn dieses ist in den äußeren Zonen deutlich heller und stärker.

Schröckingerit-Neogastunit (24), Typus 3 (Abb. 6, 7)

$NaCa_3(UO_2)(SO_4)(CO_3)_3 F . 10 H_2O.$

Dieses nur in geringen Mengen aufgefundene Mineral ist typischer Schröckingerit bzw. der mit diesem identische Dakeit. Unter dem Mikroskop lassen sich bei geeigneter Vorbehandlung schöne sechsseitige, winzige Blättchen von glimmerartigem Habitus (siehe Abb. 7)

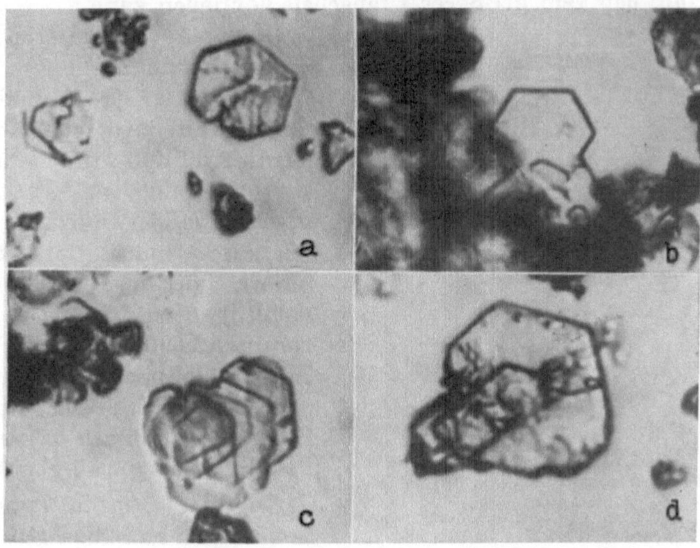

Abb. 7. Schröckingerit, 4 Mikroaufnahmen, Vergr. 1100 mal, phot. Scheminzky.

beobachten. Die direkte Einbettung in Kanadabalsam ist hiefür ungeeignet, weil sich die zu dickeren Aggregaten vereinigten Blättchen nicht aufblättern und sich (seltsamerweise auch Einzelkristalle) fast durchwegs mit der Tafelebene senkrecht zum Objektträger stellen, wobei die Kristallform nicht ersichtlich ist. Auch die optischen Daten stimmen gemäß den Untersuchungen von *R. Nováček* (29) weitgehend mit Schröckingerit überein. So wie beim Dakeit aus USA. (30) konnte auch hier ein Fluorgehalt bei spektrographischen Untersuchungen von *A. Gatterer* in Rom, bei Anregung der Calciumfluoridbande unter Hochfrequenz nachgewiesen werden (in der Größenordnung von 2% Fluor). Dieses Mineral findet sich gewissermaßen als Ausblühung örtlich gehäuft in Form kleiner Wärzchen und traubiger Aggregate an den Ulmen nahe der Stollensohle, als eine ganz junge Bildung, bedingt durch die infolge der Wetterführung nicht einheitliche Luftfeuchtigkeit im Stollen. Von *H. Ballczo* (3) wurde im ablaufenden Stollenwasser ebenfalls ein kleiner Fluorgehalt nachgewiesen.

Unbekanntes Uranmineral, Typus 4, gelblichgrau, feinfaserig, auf Wad und braunem Glaskopf mit Quarz. Die unter dem Mikroskop als sehr feinfaserige Sphärulite erkennbaren Aggregate ließen sich bisher nicht bestimmen. Die Natriumfluoridperle ist in bezug auf Uran positiv, doch zeigt die nur schwache Einwirkung auf das Zählrohr, daß kein größerer Urangehalt vorliegen kann.

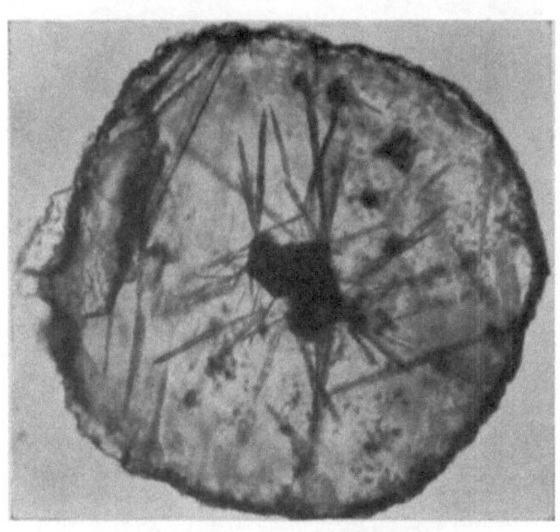

Abb. 8. Hyalith mit nadeligen Einschlüssen von Uranotil (Typus 1a und 1b), Vergr. 120mal, phot. Schiener.

Glasopal mit adsorbiertem Uranyl-Komplex, Typus 5, ist eine ziemlich junge Bildung, zumeist auf tafel- oder linsenförmigem Kalkspat, mitunter in Begleitung von Gips. Die Oberfläche der winzigen Kügelchen ist zumeist stark skulpturiert, diejenige der mikrostalaktitischen Bildungen vollkommen glatt. Als Einschlüsse in den Glasopalkügelchen finden sich zuweilen igelartige Gebilde langstrahliger gelblicher Nadeln vom Typus 1a und 1b.

Kugeliges Mineral, Typus 6, in winzigen halbkugeligen Formen, zitronengelb, u. d. M. sphärulitisch angeordnete Nadeln zeigend. Nach dem spektrographischen Befund von *Fr. X. Mayer* und *E. Schroll* liegen vor allem folgende Hauptbestandteile vor: Blei, Silicium, Uran. Nebenbestandteile: Zink, Eisen, Aluminium, Thorium, Calcium. In Spuren: Wismut, Silber, Cadmium, Arsen. Mikrochemisch wurde von uns eindeutig Blei nachgewiesen, Uran konnte in der Natriumfluoridperle festgestellt werden.

Gelbe, erdige Überzüge (Gelber Leuchter), Typus 7, Zippeit? meist auf Quarz mit rotem Eisenocker. Dieses Mineral wurde in einer früheren Arbeit auf Grund des Fluoreszenzspektrums als dem Uranopilit ähnlich erklärt (24). Optische Untersuchungen zeigen aber eine größere Ähnlichkeit mit dem Zippeit, vor allem auf Grund der länglichen körnigen Form der leider überaus kleinen Individuen, die zu größeren, manchmal sphäroidischen Aggregaten zusammentreten. Das hellgelbgrüne Leuchten im filtrierten ultravioletten Licht deutete ursprünglich auf Uranopilit, der eine ähnliche Bande ohne Struktur im Fluoreszenzspektrum zeigt. Bei eingehenden fluoreszenzmikroskopischen Untersuchungen stellte sich aber heraus, daß es einerseits Uranopilite gibt, die nur schwach leuchten und anderseits Zippeite, die recht hell fluoreszieren und ebenfalls eine Bande ohne Struktur in ihrem Fluoreszenzspektrum zeigen, so daß also die Fluoreszenzmethode in diesem Falle zu keiner eindeutigen Identifizierung führen konnte. Da bei der mikroskopischen Untersuchung durchaus nicht die charakteristische fasrige Form des Uranopilits festgestellt werden kann, dürfte wahrscheinlich ein zippeitartiges Mineral vorliegen, das sich aber vom echten Zippeit (nach *Nováček*) (32) durch die etwas niedrigere Lichtbrechung unterscheidet.

Formel des Zippeits: $(UO_3)[UO_2/SO_4] . xH_2O$.

Untersuchung mit dem Zählrohr:

Sowohl an Ort und Stelle (Prof. *Steinmaurer*) als auch in Wien wurden frühzeitig Versuche mit dem Beta-Uranotil vor dem Zählrohr durchgeführt, wobei in beiden Fällen ein deutlicher Effekt beobachtet werden konnte. In der normalen, nadeligen Ausbildung (Farbe gelb) erwies sich der Beta-Uranotil als etwas stärker aktiv wie in der pilzförmigen grünlichen Abart. Auch alle anderen erwähnten Uranmineralien sprechen vor dem Zählrohr an, doch konnten nur qualitative Feststellungen gemacht werden.

Paris-Stollen im Kniebeißgang.

Dieser bereits im Mittelalter in Seehöhe 1334 m angeschlagene Stollen befindet sich auf der Nordseite des Radhausberges und mündet zirka 200 m über dem Anlauftal in den sogenannten Kniebeißgraben, durch den der Wildbach in einer engen Schlucht herabstürzt. Der Stollen ist im Innern zumeist noch recht gut erhalten und weist noch in vorbildlicher Schrämmarbeit ausgeführte schmale Querstrecken auf. Die alten Bergleute sind hier offenbar Quarzgängen mit heute meist nur spärlicher Erzführung nachgegangen. Der Quarz ist zum Teil als fettglänzender Blauquarz (vielfach Goldträger) ausgebildet und enthält verschiedentlich Erzeinsprengungen von Pyrit, Kupferkies und Bleiglanz. Als jüngere Bildungen kommen ähnlich wie im Unterbaustollen oder in den einige hundert Meter darüber liegenden Stollen bei der Haitzingalm (Seehöhe 1767 m) reichlich Desmin und Kalkspat vor. Bei Stollenmeter 390 konnte im Sommer 1946 in winzigen Anflügen ein feinblätteriges grünliches Mineral über Desmin aufgefunden werden, das deutliche blaugrüne Fluoreszenz mit einem dem Uran zugehörigen Spektrum im U.-V.-Licht erkennen läßt. Es ist mit dem vom Unterbaustollen beschriebenen Mineral Typus 3

Tabelle 1.

Typus	Benennung	Physiographie u. Paragenese	Verhalten u. d. M.	Licht-brechung	Spektrentyp Fluoreszenz	Spektrographischer Befund	Debye-Scherrer-Diagramm
1	„Heller Leuchter"	gelbgrüne, meist halbkugelige radialstrahlige Wärzchen, einzeln und in Gruppen, bis 1 mm Durchmesser, auf Desmin und Blätterspat	nach Zerdrücken radialfasrige Büschel. Einzelnadeln spitz endend, $0.2 - 0.3\mu$ dick, gerade auslöschend, γ' längs. Anomale Interferenzfarben (stahlblau). Pleochroismus schwach: $\alpha' =$ farblos — blaß zitronengelb, $\gamma' =$ etwas stärker zitronengelb	$\alpha' = 1{\cdot}596$ $\gamma' = 1{\cdot}597$	2 hell gelbgrün	U, Ca, Si, Pb	eigenes Diagramm, konnte nicht mit einem anderen identifiziert werden
1 a	„Heller Leuchter"	außen farblose, nach innen zu blaß-gelbgrüne strahlige Igel spitz endender dünner Nadeln. Zumeist auf Blätterspat	gerade auslöschende, dünne Nadeln mit γ' in der Längsrichtung. Pleochroismus sehr schwach ($\gamma > \alpha$). Nadeln nur blaßgelb	$\alpha' = 1{\cdot}561$ $\gamma' = 1{\cdot}582$	? sehr schwach grünlich	—	—
1 b	„Heller Leuchter"	fast farblose bis schwach gelbgrüne radialstrahlige Sonnen bis 0·5 mm Durchmesser. Auf Blätterspat mit Apophyllit	gerade auslöschende Nadeln mit γ' in der Längsrichtung. Pleochroismus: $\alpha' =$ farblos $\gamma' =$ blaß zitronengelb	$\alpha_, = 1{\cdot}670$ $\gamma' = 1{\cdot}70$	2 grün, Bande etwas verschoben	U, Ca, Si, Th, Pb in Spuren	—
2 a	„Grüner Leuchter a" = Beta-Uranotil	grüngelbe, langgestreckte, tafelig nach (010), bis nadelige Kristalle, meist in radialstrahligen Aggregaten. Auf Desmin und Blätterspat, sowie auf sonst nicht weiter mineralisierten Querklüften im Gneis	Einzelkristalle bis 1 mm lang, häufig sehr komplizierte Zonarstruktur sowie Zwillings- und Parallelverwachsungen. Auslöschung auf (100) gerade, mit γ' in der Längsrichtung; auf (010) mit der Wellenlänge sich stark ändernd. Zwischen 450 und 650 mμ wurde an 2 Krist. gemessen: c:$\gamma = 18 - 30^0$, bzw. $24 - 39^0$. Im Tageslicht undeutliche Auslöschung bei ca. 26^0 bzw. 32^0. Bei Zonarbau wurde z. B. gemessen: im Kern bis 41^0, in der Hülle bis 32^0. Pleochroismus: $\alpha' =$ fast farblos, $\beta' =$ zitronengelb, $\gamma' =$ blasser, mit grünlichem Stich	$\alpha' = 1{\cdot}688$ $\gamma' = 1{\cdot}703$	3 dumpfgrün mit helleren Partien (wenn Zonarbau vorhanden	U, Ca, Si, Pb, Th	ident mit Beta-Uranotil von Joachimstal
2 b	„Grüner Leuchter b" = Uranotil	grüngelbe, flachstrahlige oder sphärisch angeordnete Büschel feinster Nadeln, bis 0·3 mm Länge. Zumeist auf Kluftletten	gerade auslöschende Nadeln mit γ' in der Längsrichtung. Meist zu nicht genau $\parallel$ verwachsenen Aggregaten vereinigt. Pleochroismus (nur bei dickeren Nadeln erkennbar): $\alpha' =$ farblos bis blaßgelb, $\gamma' =$ zitronengelb	$\alpha' = 1{\cdot}660$ $\gamma' = 1{\cdot}679$	3 hellgrün	—	fast ident mit Uranotil von Wölsendorf

						Spezielle Bestimmung
3	„Neogastunit‘‘ = Schröckingerit (Dakeit)	gelbgrüne knollige Aggregate winziger glimmerartiger Blättchen, als rezente Bildung an den Stollenulmen. Die Knöllchen und Wärzchen erreichen bis 2 mm Durchmesser	zu dicken Paketen (Geldrollen) vereinigte Aggregate, die nur wenig durchsichtig sind. Nach Aufschwemmen mit Benzol sechsseitige, winzige farblose Blättchen. Pleochroismus nur bei auf der Kante stehenden Blättchen erkennbar: $\alpha' =$ farblos, $\gamma' =$ grünlichgelb	$\alpha' = 1{\cdot}539$ $\gamma' = 1{\cdot}542$	4 ident mit Schröckingerit von Joachimstal	0·5—2⁰/₀ Fluor U, Th
4	?	blaßgelbe, kleinkörnige Krusten auf Glaskopf	—	—	keine Fluoreszenz. In der NaF-Perle positiv	—
5	Glasopal	winzige Kügelchen und mikrostalaktitische Bildungen. Auf Desmin und Papierspat (z. T. mit Gips)	wasserklare Kügelchen mit traubiger Oberfläche, bisweilen mit vom Kern ausgehenden Einschlüssen nadeliger Uranmineralien (möglicherweise vom Typ 1, 1a bzw. 1b)	isotrop	1 teils schwach, teils sehr hell leuchtend. Verschwommene Struktur	—
6	Bleiuranylsilikat?	bräunliche Wärzchen auf Desmin und Blätterspat	orangegelbe Sphärulite, Nadeln gerade auslöschend, mit α' in der Längsrichtung. Nadeln 3 — 75 µ lang	$\alpha' > 1{\cdot}76$ γ' konnte mangels geeigneter Einbettungsmittel nicht bestimmt werden	keine Fluoreszenz. In der NaF-Perle stark positiv	Si, U, Pb, ferner Zn. Spuren: Cd, Th, As, Bi, Ag
7	„Gelber Leuchter‘‘ = Zippeit?	winzige, intensiv gelbe Krusten, feinstkörnig, auf Kluftgestein (z. T. mit Pyrit)	zu dichten Aggregaten vereinigte kanariengelbe Körnchen von 1—4 µ Durchmesser. Bei länglichen Körnchen scheinbar gerade Auslöschung mit γ' in der Längsrichtung	$\alpha' \simeq 1{\cdot}64$ $\gamma' \simeq 1{\cdot}73$	5 Fluoreszenzbande im Gelbgrün, ohne Struktur	—

Bemerkungen zu vorstehender Tabelle: Der leichteren Reproduzierbarkeit wegen wurden die Lichtbrechungswerte nur für Tageslicht angegeben. Ihre Bestimmung mittels der Einbettungsmethode (Beckesche Lichtlinie) war vielfach durch den empfindlichen Mangel an Untersuchungsmaterial sehr erschwert. Dieser Mangel (in Verbindung mit der Winzigkeit der zu untersuchenden Substanzen und der dadurch bedingten Schwierigkeit, einheitliches Material zu erhalten) beeinträchtigte natürlich auch die röntgenographische Untersuchung, so daß nicht von allen Mineralien Pulverdiagramme aufgenommen werden konnten. Die bei einigen Typen noch offene Frage der Nomenklatur kann erst nach Durchführung mikrochemischer Analysen geklärt werden, wofür aber noch Material beschafft werden muß.

(Neogastunit-Schröckingerit) identisch. Auch auf dem Nebengestein
der Gangkluft zeigten sich Ausblühungen von Neogastunit, ferner
Überzüge von uranylhaltigem Glasopal, der im filtrierten U.-V.-Licht
das charakteristische Uranbanden-Fluoreszenzspektrum erkennen
läßt. Diese Stücke wurden im Sommer 1950 von Herrn Dr. *Henn*
gefunden und uns durch freundliche Vermittlung Prof. *Scheminzkys*
zur Untersuchung überlassen. Bei früheren Befahrungen des heute
nur mit Gefahr zu betretenden Stollens wurden in Spuren gelblich-
grünliche, erdige Überzüge gefunden, die mit Hilfe der Natriumfluoridperle eine unverkennbare Uranfluoreszenz erkennen lassen,
also einen gewissen kleinen Urangehalt adsorbiert haben. Im Gerölle
des Kniebeißgrabens wurden Stücke mit Beryll und Molybdänglanz
gefunden, ferner auch der rote Kalkspat, der für gewisse Pegmatit-
bildungen im Syenitgneis charakteristisch ist. Der in der älteren Literatur von diesem Fundpunkt angegebene Blauspat (Lazulith) ist zu
streichen, da er mit blauem Beryll verwechselt wurde. Diese Verwechslung wurde von uns bereits 1937 in gemeinsamer Untersuchung einiger als Lazulith bezeichneter Stufen mit Prof. *E. Dittler*
erkannt und später auch die Richtigstellung in der Literatur durch
H. Meixner (33) publiziert.

Die Mineralvergesellschaftung im oberen Bereich des Radhausberges.

Von den auf S. 54 unter 1 a angeführten pegmatoiden Adern mit
Rauchquarz und Feldspat führen solche vom Kreuzkogelgipfel entlang der Grenze des Gneises zum Serizitschiefer (auch Serizitquarzit)
nicht selten blaue Beryllsäulchen bis über 8 cm Länge. Dieses Vorkommen ist bereits in der alten Literatur erwähnt (*Fugger* [1 b]).
Auch in dem abgestürzten Blockwerk unterhalb des Kreuzkogels entlang dem Westhang des sogenannten Baukarlriegels findet sich blauer
Beryll in Quarz-Feldspataders vom Typus 1 a im dortigen Granitgneis. Aus dem Einzugsgebiet des Astenbaches, also aus einem schon
tieferen Niveau des Radhausberges, wurde Beryll in schönen dunkel-
blauen Säulen in Quarzadern innerhalb des Syenitgneises, oft an der
Grenze dieses Gesteins oder auch in diesem selbst eingewachsen aufgefunden, ohne daß das Anstehende dieses Vorkommens je bekannt
geworden wäre. Bei einer Durchsteigung der Asten-Rinne, angefangen
von der großen Mure im Naßfeldertal bis fast zur Höhe des ehemaligen Berghauses (*Haberlandt* mit Ing. *Florentin*, 1948) konnten
vor allem Stufen mit rotem Kalkspat, Rauchquarz und Feldspat im
Syenitgneisblockwerk aufgesammelt werden. Auffallend ist die
starke pyritische Vererzung des dortigen Syenitgneises.

Von den unter 1 c angegebenen pegmatoiden Adern mit Turmalin findet man schöne Beispiele vor allem im Gebiet des hintersten Ödenkares und auch in den Rinnen unterhalb des Kraxentragers. Hier findet sich der Turmalin in mehr quarzigen Partien und in kalifeldspatreichen Lagen zusammen mit breunneritartigem Karbonat, grünem Biotit neben Muskowit und Schachbrettalbit. Die Turmalinstengel, die sich oft in parallelstrahligen Aggregaten vorfinden, erreichen eine Länge bis zu 8 cm. Von den eigentlichen Mineralklüften

Abb. 9. Radhausberg bei Gastein, Bergbauhalden mit Salesenkogel (Bildmitte) und Kraxentrager (links) im Hintergrund, phot. Florentin.

des oberen Radhausberges führen die meisten Adular, Rauchquarz und Rutil, daneben auch Chlorit, teils Muskowit und Ankerit-Breunnerit. Besonders am Baukarlriegel finden sich größere Klüfte mit schönen Rauchquarz- und Adularkristallen. Dort kann man auch schön den Zusammenhang zwischen der ausgehenden Vererzung (in Form von schmalen Pyritadern) und den Quarzadern erkennen, wo letztere in kleine — Adularkristalle führende — Klüfte übergehen. Am Salesenkogel wurde in einer zum Gipfel ziehenden, schwer zugänglichen Rinne, von *G. Steiner* blaßgrüner tafeliger Apatit gefunden (nach *K. Reissacher* [3 b] kommt dort auch Turmalin vor). Vom gleichen Mineraliensammler wurde im Gebiete des Schiedecks am Radhausberg ein Vorkommen sehr schön ausgebildeter skalenoedrischer Kalkspatkristalle (bis 4 cm Größe) in Vergesellschaftung mit Adular, Rauchquarz und Rutil entdeckt. Fluorit wurde nach Angaben von *Fugger* und zum Teil auch nach eigenen Beobachtungen im Sigmundstollen und im Hieronymusstollen angetroffen.

Als Eigentümlichkeit der Mineralklüfte vom Radhausberg fällt auf, daß von den Titanmineralien fast nur Rutil und Titaneisen (sehr

untergeordnet) vertreten sind, während Anatas und Brookit durchwegs fehlen. Auch Titanit wurde als Kluftmineral bisher nicht beobachtet. Es fehlt aber auch praktisch jeder Periklin, der zusammen
mit den zuletzt erwähnten Titanmineralien in der Schieferhülle
(Rauris, auch Ankogelgebiet) recht häufig angetroffen wird. Charakteristisch ist ferner die offensichtliche Vorherrschaft des Rauchquarzes über den Bergkristall in den ausgesprochenen Gneisgebieten
im Gegensatz zur Schieferhülle. Man kann daher wohl mit Recht von
einer Verschiedenheit der beiden großen Einheiten in bezug auf die
Mineralführung sprechen. Aber auch zwischen den oberen und
unteren Partien des Radhausberges selbst beobachtet man deutliche
Unterschiede in der Mineralführung, wie zum Teil bereits vermerkt
wurde. So kommt Desmin nach unseren Beobachtungen nur unter
einer Seehöhe von etwa 2000 m vor. Von reichen Desminfundorten
sind folgende bekannt und zum Teil neu aufgefunden worden: Die
Halden des Wildenkarstollens und der Stollen bei der Haitzingeralm.
Im unteren Einzugsgebiet des Abfallbachgrabens wurden von uns Gerölle gefunden, die aus einer recht merkwürdigen, verkieselten Breccie
bestehen, die in Hohlräumen und als Spaltenfüllung Desminkriställchen führen. In den Breccien finden sich auch schwärzliche, kohlenstoffreiche Brocken, welche nach einer spektrographischen Bestimmung von *F. X. Mayer* deutliche Spuren von Titan, Vanadin und
Chrom enthalten. Eine Prüfung mit der NaF-Perle ergab einen kleinen
Urangehalt. Bei systematischer Verfolgung und Durchkletterung des
oberen Abfallbachgrabens wurde dann in einer Höhe von etwa
1760 m im Hangenden der Breccie ein anstehendes Desminvorkommen in Klüften (N 15—30° Ost streichend, 50° West fallend) aufgefunden. Eine westliche Fallrichtung scheint für alle Desminvorkommen im Gasteiner Gebiet charakteristisch zu sein. Bei der Gabelung des Abfallbachgrabens (zirka 1450 m Seehöhe) wurden ebenfalls Klüfte mit N 20° Ost-Streichen und 50° West-Fallen angetroffen.

Kleiner Steinbruch am Eingang ins Siglitztal. (Siehe Abb. 10 u. 11.)

Dieser zur Gewinnung von Bruchsteinen für Bauzwecke angelegte
Steinbruch liegt zirka 30 m über der Talsohle am Ende der großen
Bergbauhalde des Imhof-Unterbaustollens, nahe dem Beginn des Fußweges zum Bockhartsee. In einem hellen muskowitreichen Granitgneis (Streichen N 30° W, Fallen 30° W) finden sich in voll aufgeschlossenen Klüften (Streichen 30—40° NO, Fallen 60—85° W,
ausnahmsweise nach O) zahllose schöne Desminkristalle, meist
einen geschlossenen Rasen bildend, neben und auf blaßgrünem Fluorit
(oktaedrisch) sowie kurzpyramidalen Quarz. Einmalig wurde hier
zusammen mit Fluorit Freigold in bis 4 mm großen Blättchen ge

funden, das möglicherweise aus zersetzten Golderzen der Tiefe stammt, jedoch auch als Thermalausscheidung gedeutet werden könnte.

Abb. 10. Desminkristalle auf Gneiskluft. Steinbruch Naßfeld (Siglitz), phot. Scheminzky.

Die Klüfte sind bis auf etwa 10 m Länge frontal aufgeschlossen und soweit sichtbar, bis zu 20 cm breit, wobei sie aber zumeist nur

Abb. 11. Desmin, kleine Kristallgruppe auf Gneis, ungefähr natürliche Größe, phot. Scheminzky.

wenige Zentimeter offenstehen. Vor der Freilegung waren die Spalten weitgehend mit einer tonigen Substanz erfüllt gewesen.

Die bis mehrere Zentimeter großen Desminkristalle haben durchwegs scheinbar rechteckigen tafeligen Habitus mit den Flächen (010),

(001), (10$\bar{1}$) und ganz untergeordnet [110]. Die meist zu etwas aufgeblätterten Paketen vereinigten Kristallstöcke sind weiß bis leicht bräunlichweiß gefärbt und von porzellanartigem Aussehen. Lokal werden die Desmine von einer dichten Kruste winziger sehr spitzer und farbloser Quarzkriställchen in der Art überdeckt, daß die großen Tafelflächen (010) in einem wechselnden Abstand (im Durchschnitt 0·5—1 mm) aber unter genauer Einhaltung der Parallelität zu den begrenzenden Kanten von der dicht verwachsenen Quarzmasse überkrustet werden. Die Desmine sind zumeist nicht dem Gneis direkt aufgewachsen, sondern sitzen fast stets einer mehrere Millimeter starken Quarzkruste auf, die örtlich von einer bis zentimeterstarken Fluoritkruste unterlagert wird. Fluorit tritt jedoch auch in blaßgrünen oktaedrischen Vierlingskristallen auf (bis 1 cm), deren äußere Oktaederflächen gekrümmt sind und dadurch das ganze Gebilde halbkugelig erscheinen lassen, das durch zwei aufeinander senkrecht stehende tiefe Furchen den Aufbau aus vier Individuen erkennen läßt. Auch die Fluorite werden gerne von einem zusammenhängenden Rasen winziger Quarze überkrustet. Dieser Quarzrasen entspricht einer zweiten Quarzgeneration, welche auch die erste kurzpyramidale Ausscheidungsform vielfach wärzchenartig überkrustet, so daß die ursprüngliche Form nicht mehr erkennbar ist. Auf diese Weise sind oft große Teile einer Kluft von einem solchen feinkristallinen Quarzrasen überzogen. Die Fluoreszenzfarbe des Fluorits ist ein Blau mittlerer Helligkeit, bei Tieftemperatur ist sie gelbgrün. Man beobachtet mitunter hellblau leuchtende Zonen, die ein lavendelblaues Tieftemperaturleuchten zeigen. Dieses Verhalten deutet auf eine Differentiation von Ytterbium und Europium während des Wachstumsprozesses. Jüngere Bildungen scheinen stumpfer blau zu leuchten.

Die Mineralvergesellschaftung im Bereiche der Siglitzer Erzgänge.

Die Erze und ihre Goldführung sollen hier nicht weiter besprochen werden, da diese Fragen bereits eingehend von *H. Michel* (2 c) und *A. Tornquist* (2 b) erörtert wurden. In geochemischer Hinsicht ist hier das Auftreten einer eisen- und manganreichen, indiumhaltigen Zinkblende bemerkenswert, über deren Gehalt an Spurenelementen noch zu sprechen sein wird. In diesem Zusammenhange soll auch das Auftreten von nadeligem Wismutglanz erwähnt werden (2 b). Als Gangart tritt hauptsächlich Quarz auf, nur ganz untergeordnet auch Kalkspat. Bei Aufschlußarbeiten wurde 1943 in der 110 m Sohle des Dionysganges bei Gangmeter 280 gegen Süd eine Kluft im Gneis (unweit der Schieferhülle) angefahren, wo in Hohlräumen eines fast halbmeterstarken Quarzbandes große Citrinkristalle gefunden wurden.

Wir kennen bis 15 cm lange, gut gefärbte klare Kristalle, wahrscheinlich unverzwillingt, mit gut entwickelten Pyramidenflächen.

Teilweise werden die Citrine von kleinen schneeweißen Dolomitrhomboedern überkrustet. Es handelt sich hier um echte Citrine, wie sie in dieser Größe und schönen intensiven Färbung in den Ostalpen bisher nicht bekannt geworden sind. Die sogenannten „Citrine" aus den Ostalpen sind nämlich meist nur mit einer dünnen Limonithaut überzogene Bergkristalle. Echte Citrine von allerdings weitaus schwächerer Färbung (und auch mit Übergängen zu Rauchquarz) konnten von einheimischen Sammlern an folgenden Orten in der näheren und weiteren Umgebung gefunden werden: Goldzeche, unterhalb des Hochnarrgletschers, Goldbergspitze gegen den roten Mann zu, Sonnblicknordwände beim Pilatuskees, Leidenfrost gegen die Rojacher Hütte.

Am Citrinfundort des Dionysganges wurden auch bis mehrere Zentimeter große Pyrite mit (100), (hkO) und (hkl) gefunden, welche sich besonders durch ihre schönen, frisch glänzenden Flächen auszeichnen, wobei die Würfelfläche immer deutlich gerieft ist. Beim Vortrieb des Hauptstollens wurde 1944 ungefähr bei Stollenmeter 4450 in grünen blätterigen Schiefern eine steile, höchstens 20 cm breite Kluft angefahren, die reichlich Pyrit in zum Teil sehr großen Kristallen (vorwiegend in Würfeltracht) mit bis zu 10 cm Kantenlänge und hohem Glanze führte. Im Bereich des Kupelwieser-Ganges wurde auf einer Strecke zwischen dem 50-m- und dem 80-m-Lauf bereits in angeblichem Grünschiefer eine Zone durchfahren, die stark von Quarzbändern durchzogen war. In Hohlräumen dieser Quarzbänder wurden zahlreiche bis mehrere Zentimeter große, grünlichweiße Strontianitkristalle in büschelförmigen Gruppen angetroffen.

Eine sehr interessante Mineralparagenese, die allerdings schon außerhalb des eigentlichen Erzgangbereiches liegt, wurde im Sommer 1950 anläßlich einer Begehung des gesamten Unterbaustollens entdeckt. Bereits im Bereich der Schieferhülle, die bei Stollenmeter 3480 aus einem mit aplitisch-pegmatoiden Lagen reichlich injizierten Biotitparagneis besteht, wurde in der Firste (an der Kreuzungsstelle mit ungefähr N—S verlaufenden Klüften) ein Hohlraum mit folgendem Mineralinhalt aufgefunden:

Kalzit in mehreren Trachten: a) farblos, plattig mit groß entwickelter Endfläche (0001) sowie mit $(10\bar{1}0)$, b) farblos, flachrhomboedrisch mit $(11\bar{2}0)$ und $(01\bar{1}2)$, c) skalenoedrisch (nicht an Einzelkristallen beobachtet), trübweiß-bräunlich.

Prehnit: farblos — blaß-grünlich, tafelig nach (001), mit (110) und selten mit kleiner (100).

Apophyllit: farblos, meist würfelig mit (100), (001) und untergeordnet auch (111). Vielfach aber auch die Pyramidenfläche mit der End- bzw. Prismenfläche im Gleichgewicht.

Chlorit: dunkelgrüne, meist zu knolligen Gebilden vereinigte Aggregate. Dem Kalkspat ein- und aufgewachsen.

Titanit: bräunliche, flächenreiche Kristalle.

Albit: porzellanweiß. *Adular:* farblos, beide mit einfachen Formen.

Bergkristall: die farblosen Kristalle bis einige Zentimeter groß.

Magnetkies: winzige, bunt angelaufene sechsseitige Blättchen, meist dem Kalzit ein- und aufgewachsen.

Bavenit (?): schneeweiße Büschel feinfaseriger Nädelchen in Hohlräumen des Prehnit und auf Bergkristall. Optische Charakteristik: gerade auslöschend, α längs, $\alpha = 1·585$, $\beta = 1·588$, $\gamma = 1·600$ (Tageslicht). In heißer konzentrierter Salzsäure unlöslich. Von *E. Schroll* wurde Be spektrographisch nachgewiesen. Bisher ist Bavenit im alpinen Raum nur aus der Schweiz (Tavetsch) bekannt geworden. Siehe *G. F. Claringbull,* Min. Mag. 1940, *168,* pag. 495.

Die Mineralvergesellschaftung in der Umgebung der Romatenspitze.

Dieses Bergmassiv befindet sich nächst der Woiskenscharte und besteht größtenteils aus einem flaserigen Syenitgneis, in dem zahlreiche pegmatoide Adern und auch reine Quarzadern auftreten. Auch sind Andeutungen von pyritführenden Erzgängen zu finden, so in der großen Rinne, welche sich nördlich vom Gipfel zum hintersten Weißenbachtal herunterzieht. Dieses Gebiet wurde früher von Mineralsammlern wenig begangen und erst in den letzten Jahren von *G. Steiner* mineralogisch erschlossen. *Steiner* konnte in den Wandabstürzen unterhalb des Gipfels (Weißenbachseite) sehr dunkle Rauchquarzkristalle (zum Teil zonar), ferner Pyrite in Klüften, und in Quarzadern himmelblaue, zum Teil durchsichtige Beryllkristalle finden. Eigene Begehungen konnten diese Angaben bestätigen und hiebei folgende Mineralvorkommen festgestellt werden: Roter Kalkspat, häufig in pegmatoiden Adern.

Rauchquarz: Säulenförmige Kristalle, dunkel und zonar gefärbt. Auch hellere Kristalle mit wolkiger Verteilung der Färbung, zum Teil doppelendig (in den Felsabstürzen und Rinnen der NO-Wände und Schutthalden). Auch auf der Südseite des Berges (Mallnitzer Seite) wurden von *Untergantschnig* und Ing. *K. Kontrus* sehr schön gefärbte, zum Teil verschleifbare Rauchquarze aufgefunden.

Auch in den obersten Partien des Mallnitzriegels und entlang des Kammes, der sich bis zum Kreuzkogel hinzieht, wurden von *G. Steiner* ebenfalls zonar gefärbte Rauchquarze, teilweise mit Strahlsteineinschlüssen entdeckt. Der größte Kristall ist 15 cm lang und 7—8 cm dick und besitzt eine hellere Außenhülle um einen etwas stärker gefärbten Kernkristall.

Pyrite: Bis 2·5 cm große Kristalle von der Kombination Pentagondodekaeder mit Oktaeder, zusammen mit kleinen Adularkriställchen.

Fluorit: Amethystfarbenes Kristallstück mit zonarer Färbung (Kern dunkler). Angeblich von der obersten auf den Gipfel des Berges führenden Rinne. Ferner konnten ähnlich gefärbte Fluoritkristalle (100) + (110) in kleinen Adular, Eisenglanz und Chlorit führenden Klüften eines großen abgestürzten Syenitgneisblockes, der nächst dem Weißenbach weiter nördlich gelegen ist, angetroffen werden. Dieser Fluorit weicht in seinem Fluoreszenzverhalten von den anderen Fluoritvorkommen des Gasteiner Tales deutlich ab (44).

Beryll: In blauen Säulchen und bis 2 cm langen sechsseitigen Kristallen in Quarzadern und in Quarz-Feldspatinjektionen, manchmal in engstem Kontakt mit dem Nebengestein (Syenitgneis). (Siehe auch *Exner* [35]).

Abb. 12. Romate-Nordwand, gesehen vom Mallnitzriegel. Fundort von Rauchquarz und Beryll, phot. Florentin.

Die Mineralvergesellschaftung im Bereiche des Ankogels
(unter vorwiegender Berücksichtigung der Salzburger Seite).

Dieses Gebiet enthält die meisten und schönsten Mineralklüfte sowohl im Granitgneis selbst, als auch im umgebenden Schieferhüllenbereich, wobei die Mineralisation bei wachsender Entfernung vom Ankogelgneis schwächer wird. Am intensivsten ist sie in der Injektionszone entlang der Nordwände des Schwarzkopf-Ankogel-Plattenkogel für die Salzburger Seite. Die Umgebung der Radeckscharte, des Hannoverhauses mit den Wänden der Grauleitenspitze, die Umgebung des Lassacher Gletschers und der Elsche-Kamm sind bekannte Fundplätze auf der Kärntner Seite. Mannigfache Injektionsgesteine, Schiefer, Amphibolite und Grünschiefer kommen in den kompliziert miteinander verwobenen Grenzzonen von Granitgneis-Schiefer vor und enthalten eine besonders reiche Vergesellschaftung von Titanmineralien (Titaneisen, Titanit, Rutil, Anatas, Brookit) (36), wie auch besonders schöne und große Pyritkristalle (36). Ebenso reichhaltig sind Klüfte mit großen, zum Teil doppelendigen Bergkristallen in Begleitung von Chlorit und Titanminera-

Abb. 13.   Ankogel, Injektionszone aus der NW-Wand, phot. Florentin.

lien. Besonders große und schöne Bergkristalle wurden in den Nordwänden Ankogel-Schwarzkopf und Plattenkogel von *Frohnwieser* gefunden, so auch ein 61 cm langer Riesenkristall, der eine Zierde des Gasteiner Museums bildet (37). Rauchquarz tritt zusammen mit Adular und etwas Anatas in der Umgebung der Hannoverhütte auf, ist aber meist von heller Färbung und ist nicht so häufig wie Bergkristall.

Während auf der Südseite des Ankogels Scheelit in pegmatitischen Adern, angeblich auch in Klüften im Gebiet des Elschekammes auftritt und neuerlich von *K. Kontrus* (36) und *E. Zirkl* in schönen pyramidalen Kristallen aufgefunden wurde, wurden von einheimischen Sammlern in den Nordwestabstürzen der Schwarzkopfwände prächtige farblose Apatitkristalle in Begleitung von Periklin, schwarzem Turmalin, Chlorit, Anatas, Brookit und Rutil entdeckt. Ihre Ausbildung ist meist tafelig nach der Endfläche, bis kurzsäulig bei stärkerer Entwicklung der Prismenflächen. Probestücke aus der Sammlung von *Schmutzenhofer* in Böckstein zeigen als Nebengestein einen dunklen Schiefer, der stellenweise aplitisch durchadert ist.

In Dünnschliffen des Schiefers kann man reichlich Chlorit (wahrscheinlich aus Biotit hervorgegangen) und ein dunkles (graphitisches?) Pigment, im Aplit Granat beobachten, der durch Assimilation des Schiefers entstanden sein dürfte. Granatführende Aplite sind auch in der Umgebung häufig.

Die mineralreiche Zone entlang der Schwarzkopf-Ankogel-Nordwestwände bis hinüber zum Plattenkogel zeigt überall stärkste aplitisch-pegmatoide Durchaderung. In diesem Bereich konnten folgende Mineralparagenesen aufgesammelt werden:

Auf abgestürzten Blöcken von den Wänden zwischen Schwarzkopf—Ankogel fand sich Apatit (farblose dicktafelige Kristalle) mit Periklin, Chlorit, Rutil, Anatas von brauner Färbung auf einem chloritreichen, Zoisit führenden Grünschiefer, der stellenweise mit Magnetitoktaedern imprägniert ist.

Am Fuße der Ankogel-Nordwestfelswände:

Kalkspatrhomboeder mit Eisenglanz, Bergkristall, Rutil, Chlorit, Titanit.

Kalkspatskalenoeder mit braunem Anatas, Chlorit, Kalkspat auch mit Muskovit.

Titanit (braun) mit Bergkristall, Adular, Kalkspat, Chlorit.

Titanit (grün) mit Adular, Chlorit und Muskovit.

Folgende Mineralvorkommen wurden uns von *Frohnwieser* und anderen Sammlern *(Guganigg-Schmutzenhofer-Keuschnig)* in schönen Stufen gezeigt, doch konnten die angegebenen Fundorte infolge exponierter Lage nicht aufgesucht bzw. nicht gefunden werden: *Apatit*, blaßgelbgrüne Kristalle vom Plattenkogel mit Bergkristall, Adular und Turmalin. Große, vielfach doppelendige Bergkristalle mit Brookittäfelchen, angeblich von der Ankogel-Nordwestseite (in Chloritsand und mitunter mit Chlorit bestäubt).

Braunvioletter Titanit mit Adular von dem Nordwestabfall des Schwarzkopf. Einige Zentimeter lange hellviolette Amethystkristalle in Drusen vereinigt, angeblich vom Viehzeitkogel in den Nordostwänden an einem Gratvorsprung im Gneisgranit.

Auffallend ist im ganzen Ankogelgebiet das Fehlen von Beryll, während am Radhausberg die reichen Titanmineralienparagenesen nicht vorkommen.

Die Elementverteilung im Gebiet von Badgastein.

Geochemie der Mineralvorkommen:

Im Bereich der Mineralklüfte und Erzgänge des untersuchten Gebietes ist eine wohl einzigartige Elementvergesellschaftung zu finden. Einerseits sind Elemente, wie sie für saure Restlösungen charakteristisch sind, nämlich Molybdän, Beryllium, untergeordnet Wolfram und (nur als Spurenelement) Zinn vorhanden, anderseits kommen Wismut, Tellur und Gold, ferner viel Eisen und Arsen, sowie untergeordnet Kupfer, Blei und Zink, hauptsächlich in sulfidischer Bindung vor. Außerdem treten verschiedentlich Titanmineralien in wechselnder Menge und Art in Erscheinung. Diese sind so wie das Gold für nicht ganz saure Gesteine von granodioritischen bis syenitischem Chemismus charakteristisch. Radioaktive Elemente finden sich in diesen intermediären Gesteinen, vor allem im Syenitgneis, ferner in Injektionsgneisen angereichert, aber auch der Granitgneis weist einen im Durchschnitt relativ hohen Aktivitätswert auf (siehe später). Recht charakteristisch ist auch das relativ häufige Auftreten von Fluorit (im Gegensatz zu anderen ostalpinen Gebieten) vor allem in Vergesellschaftung mit

Zeolithen und im Bereich der Thermalspalten. Die Quellabsätze (Reissacherit) der Gasteiner Thermen zeichnen sich durch die gleiche Spurenelementvergesellschaftung aus, wie sie im großen in den Kluft- und Erzmineralien des Gebietes vorliegt.

Vorhanden ist an kennzeichnenden Elementen neben Uran und Radium auch Thorium, Beryllium, Molybdän, Fluor, Titan, Arsen, Wismut und Gold. Auffällig ist die Armut an Antimon und Nickel, wie sich das schon bei den Erzen zeigt. Kobalt ist nur in sehr geringfügiger Menge zugegen. Während die ursprünglichen Orthogneise eine Kalivormacht aufweisen, kommt es später zu umfassenden Albitisierungen im Zusammenhang mit einer umfassenden Mobilisation des Natriums. Wie später noch eingehender zu besprechende Untersuchungen von *E. Schroll* zeigen, ist der Wismutgehalt der Bleiglanze und der Indiumgehalt der Zinkblenden (bei Fehlen von Gallium und Germanium) für die hier auftretenden Golderze charakteristisch.

Zur Frage der Stoffherleitung.

Die Frage der Stoffherleitung bei der Mineral- und Erzbildung ist eines der noch immer heiß umstrittenen Probleme der Gegenwart. Viele klassisch gewordene Begriffe, wie die der Differentiation und der Metamorphose können heute nicht mehr so eindeutig gefaßt und angewendet werden wie früher, und die neuen Vorstellungen, welche auf Grund der Thesen der „Transformisten" entwickelt wurden, sind noch etwas unübersichtlich und nicht immer genügend geklärt, als daß hier eine eindeutige Stellungnahme dazu möglich wäre. Insbesondere zeigt sich eine sehr verschiedene Auffassung bei der Diskussion der Stoffherleitung in bezug auf die Entstehung der alpinen Kluftminerale. Die Schweizer Mineralogen *P. Niggli* und vor allem *J. Königsberger* (38), ferner *Huber* (39) nehmen an, daß die zur Mineralbildung notwendigen Stoffe im wesentlichen aus dem Nebengestein stammen. *Königsberger* versucht in einer seiner letzten Arbeiten (40) die seltenen Elemente aus voralpidischen Anreicherungen herzuleiten und will als letzten Beitrag aus der Tiefe nur die Kohlensäure und leere Thermen gelten lassen (38). Hingegen sucht *H. Leitmeier* (41 a, b) die Entstehung mancher ostalpiner Kluftmineralien mit Stoffwanderungen im Zuge einer Granitisation unter Mitwirkung ichoretischer Restlösungen zu erklären. *E. Clar* (42) glaubt einen größeren Stoffumsatz im Verlaufe der Metamorphose annehmen zu können, und *H. P. Cornelius* (43) versteht unter dem neugeschaffenen Begriff „*Orometamorphose*" solche durch die Metamorphose hervorgerufenen Stoffwanderungsvorgänge. Prinzipiell möchten wir zu diesen Fragen in folgender

Weise kurz Stellung nehmen: Wir halten eine restlose Herleitung der Stoffe für die Kluftmineralbildung im Sinne einer reinen Lateralsekretion aus dem Nebengestein, lediglich bewirkt durch leere bzw. nur mit Kohlensäure beladene Thermen, für die ganze Fülle der alpinen Kluftmineralbildungen für unzureichend. Die am niedrigsten temperierten letzten Kluftmineralbildungen, welche nur Kalkspat und Bergkristall führen, könnten vielleicht so erklärt werden, aber keineswegs die Titanmineralien und wohl auch nicht die Bildung der Apatite, Fluorite mit ihrem Gehalt an Seltenen Erden, wie auf Grund von fluoreszenz- und spektralanalytischen Untersuchungen (44) geschlossen werden kann. Noch weniger können die Kluftvorkommen von Scheelit (mit Yttererden und Samarium, siehe *H. Haberlandt* [45]), ferner solche von Euklas, Milarit, Phenakit, Danburit (46), Datolith (41, 47), Axinit, Turmalin (Schweizer Fundorte) so gedeutet werden. Dies gilt erst recht für die Mineralien mit Seltenen Erden, wie Monazit, Xenotim, Gadolinit, Kainosit, Synchisit, Bazzit (48), die vor allem in der Schweiz gefunden wurden.

Nach *Königsberger* (40) sind letztere Mineralien an ausgedehnte Systeme unscharf begrenzter Quarzbänder und Adern gebunden und meistens am Rande dieser „Venite" direkt auf dem Gestein aufgewachsen. In unserem Gebiet sind damit die Beryllvorkommen in pegmatoiden Adern im Kontakt mit Syenitgneis und flaserigem Granitgneis (Romaten und Kreuzkogel) vergleichbar.

Königsberger glaubt, daß die seltenen Elemente zwar aus der Tiefe kommen, sie sollen aber nicht tertiär alpidisch, sondern früher entstanden sein, damals als die Muttergesteine der Mineralklüfte gebildet wurden.

Sicherlich sind die pegmatoiden Adern auch in unserem Gebiet älter als die eigentlichen Mineralklüfte. Es ist auch durchaus möglich, daß bestimmte seltene Elemente zu ihrem Stoffbestand gehören, doch erscheint uns gerade deswegen eine ausschließliche Ableitung aus dem Nebengestein, etwa vom Orthit und Zirkon der Gneise her, wie *Huber* und auch *Niggli* annehmen, unwahrscheinlich. Für die Anreicherung von Yttererden wäre vor allem die Auflösung von Xenotim und von Zirkon mit seltenen Erden, ferner von ytterhaltigem Titanit notwendig. Es liegt aber kein Anhaltspunkt vor, daß diese Mineralien im Nebengestein aufgelöst wurden; es sieht im Gegensatz dazu so aus, als ob eine Imprägnierung des Nebengesteins mit Zirkon, Orthit u. a. von pegmatoiden und aplitischen Adern aus vor sich gegangen wäre. Das gleiche Bild ergibt sich für die Herleitung des Titans. Falls dieses Element gemäß der Auffassung von *Königsberger* und *Niggli* (38) zur Gänze aus dem Nebengestein der Klüfte stammen sollte, wäre doch eine auch quantitative Beziehung zu dem Titangehalt des ganzen Nebengesteinkomplexes zu erwarten. Diese ist aber offenbar weder in der Schweiz noch im ostalpinen Raum vorhanden. So wird angegeben, daß in dem relativ TiO_2-reichen Aare-Granit (zirka 10 kg TiO_2 pro Kubikmeter Gestein) Titanmineralien relativ selten sind. Im Gebiet der Hohen Tauern (Rauris) finden sich hingegen verschiedene Rutil- und Anatasvorkommen in Klüften von Hellglimmerschiefern in der Nähe von aplitischen bis pegmatoiden Adern, wobei es den Eindruck macht, daß eine Imprägnation mit Titanmineralien von den Injektionen ausgehend stattgefunden hat. Bereits *E. Weinschenk* (49) hat die Mineralisation der Titanformation in genetischem Zusammenhang mit der Intrusion des Zentralgranits gesehen und gedeutet. Ebenso scheint uns kein Zusammenhang zwischen den

Fluoritvorkommen und dem Apatitgehalt des Nebengesteins in dem Sinne zu bestehen, daß das Fluor aus dem Apatit des Gneises ableitbar wäre, ist doch gerade Fluorit auf Erzgängen und in ihrer Nachbarschaft (Radhausberg, Siglitz) am häufigsten, wo kaum zu zweifeln ist, daß das Fluor mit den Erzen aus aszendierenden hydrothermalen Lösungen stammt.

Auch *Königsberger* hat für die Erzlagerstätten in den Hohen Tauern und im Monte Rosa-Gebiet einen Zusammenhang mit Mineralbildungen angenommen.

Das Auftreten von Beryll, Scheelit und Molybdänglanz ist ohne Zweifel an pegmatoide Quarzadern gebunden und an der Herkunft der Elemente Beryllium, Wolfram und Molybdän aus postmagmatischen Restlösungen, welche durch Abkühlung bis in das hydrothermale Gebiet hineinreichen, kaum zu zweifeln. Im Syenitgneis selbst konnte zwar auf Grund spektrographischer Aufnahmen, die von Herrn Dozent *Fr. X. Mayer* im Gerichtsmedizinischen Institut in dankenswerter Weise durchgeführt wurden, Beryllium aber kein Wolfram festgestellt werden, doch ist dieser Befund nicht überraschend, da auch bei anderen Syenitvorkommen, so bei lappländischen, nach Untersuchungen von *Th. Sahama* (50) ein charakteristischer Berylliumgehalt vorhanden ist. Inwieweit eine solche Berylliumführung mit aplitisch-pegmatitischen Injektionen im Zusammenhang steht, wäre noch zu prüfen. Beim Eindringen postmagmatischer Nachschübe mit leichtflüchtigen Stoffen und Mineralisatoren könnte es eher zu Stoffmobilisationen kommen als im bereits abgekühlten späthydrothermalen Stadium. Während des Empordringens und Eindringens solcher pegmatoider Restlösungen unter der Mitwirkung von Gasen und Dämpfen mag es auch zu einem gewissen Stoffaustausch mit den „Nebengesteinen" gekommen sein, wobei wir unter anderem auch an die Assimilation von Kalk- und Tonerde denken (Bildung von Kalkspat in den Pegmatoidadern und von Granat in den Apliten). Aus der Tiefe kommende Titanverbindungen, radioaktive Elemente und Seltene Erden konnten hingegen im angrenzenden Nebengestein Anlaß zu Neumineralisation geben.

Bereits *E. Weinschenk* (49) hat solche Vorstellungen entwickelt und auf die Lösungsfähigkeit pegmatitischer Restmagmen hingewiesen (51). In letzter Zeit hat *A. Scholz* (52) die Stoffaufnahme von Phosphor und Mangan durch Phosphatpegmatite im Bayrischen Wald diskutiert. *Scholz* konnte in anderen bayrischen Pegmatiten Bavenit und Milarit, also typisch „alpine" Mineralien neben Zeolithen auffinden und weist auf die Ähnlichkeit des Stoffbestandes bei alpinen Kluftmineralien und außeralpinen Pegmatitmineralien hin. Offenbar gibt es in beiden Fällen Übergänge vom pegmatitischen bis zum hydrothermalen Stadium, denen erst in letzter Zeit mehr Beachtung geschenkt wird. Auch *Königsberger* hat in seinen letzten Arbeiten öfters einen Einfluß bestimmter aplitisch-pegmatitischer Gänge und Injektionen auf die Kluftmineralisation erkannt. So meint er, daß solche Gänge in der karbonischen Zone (im Maderanertal-Bristen-Ried-Intschi) Bildungen von Erzen, vielleicht auch von Titandioxyden im Gefolge hatten, wobei letztere „in jener Zone viel später gelegentlich umkristallisiert wurden".

Inwieweit bei solchen Umkristallisationen „Granitisationsrestlösungen" im Sinne von *H. Leitmeier* (41) oder Vorgänge der Metamorphose im Sinne von *Cornelius* (43) und *Clar* (42) beteiligt waren, müssen zukünftige Forschungen in jedem Einzelfalle erst entscheiden. Eine Herleitung des Titans etwa aus dem Stoffbestand der Biotite durch Metamorphose nimmt *A. Köhler* (55) für die Erklärung der alpinen „Titanformation" als wahrscheinlich an. So verlockend diese Gedankengänge auch sind, so dürfen wir doch nicht vergessen, daß zwischen dem Zeitpunkt einer Granitisation bzw. der Metamorphose einerseits und der alpinen Kluftmineralbildung anderseits doch ein größerer zeitlicher Abstand vorhanden ist. Eine Überbrückung dieser wohl nicht unbeträchtlichen Zeitspanne wäre vielleicht durch die Annahme einer sehr jungen Stoffmobilisation, von nicht sichtbaren Plutonen ausgehend, möglich. In

Übereinstimmung damit betonen *Cornelius* (43) und *Petraschek* (53), daß die Stoffzufuhr (Na, K, CO_2 und Metalle) in den Hohen Tauern nicht auf sichtbare Plutone zurückgeführt werden kann. *P. Bearth* (54) wiederum beobachtet im Gebiete des Monte Rosa Zusammenhänge zwischen kräftiger Albitisierung, der Gesteinsdurchbewegung und Muskovitisierung, woraus hervorgeht, daß bei diesen Stoffumsätzen Bewegungsvorgänge maßgeblich beteiligt waren.

Zur Klärung der Stoffwanderungen im einzelnen können unseres Erachtens besonders die Differentiationsvorgänge der seltenen Elemente herangezogen werden. So wurde von *H. Haberlandt* (44) mit fluoreszenzanalytischen Methoden gezeigt, daß die seltenen Erden Europium und Ytterbium in der zweiwertigen Form in den Fluoriten des Gasteiner Gebietes in bestimmter Weise verteilt sind. Fluorite aus pegmatoiden Adern im muskovitreichen Granitgneis vom Steinbruch Böckstein gaben meist Ytterbiumvormacht, solche aus dem Syenitgneis im Naßfelder Tal Europiumvormacht und die hydrothermalen grünen Fluorite aus dem Radhausberg-Unterbaustollen in Klüften des Augengneises zeigen durch ihre Fluoreszenz Europium neben Ytterbium an. Auch bei Kalkspat und Apatitvorkommen im Ankogelgebiet, sowie bei den dortigen Scheeliten wurden seltene Erden fluoreszenzanalytisch festgestellt (44). Dabei zeigt sich, daß nur bestimmte Fundorte, und zwar solche im Kontakt mit aplitisch-pegmatoiden Injektionen die seltenen Erden erkennen lassen.

Die von *K. Kontrus* gefundenen Kalkspate vom Lassacher Kees (südlich des Ankogels) mit skalenoedrischer Ausbildung sind besonders an den Spitzen blaßviolett gefärbt (durch Beimengung von Neodym bedingt) und zeigen eine relativ stärkere Thermolumineszenz als Kalkspatvorkommen in weiterer Entfernung vom Granitgneisgewölbe (44). Diese Gesetzmäßigkeit ist auch bei den anderen Kalkspatfunden unseres Gebietes festzustellen. So leuchtet der Kalkspat vom Schiedeck-Radhausberg aus der oberen Gneiszone beim Erhitzen heller als andere Vorkommen aus der Schieferhülle. Auch der Kalkspat vom Radhausberg-Unterbaustollen zeigt hellere Thermolumineszenz, als Bildungen aus der Schieferhülle. Die Thermolumineszenz und Fluoreszenz der rötlichen Kalkspate aus den Pegmatoidadern ist nur sehr schwach, da diese Kalkspate neben Mangan auch merkliche Eisenbeimengungen enthalten, welche die Lumineszenz stören. Da die Intensität der Thermolumineszenz unter anderem auch von dem Gehalt der Mineralien an beigemengten radioaktiven Stoffen abhängt, ist anzunehmen, daß die stärker thermolumineszierenden Kalkspate und Fluorite solche in optimaler Konzentration enthalten. Fluorite mit heller Thermolumineszenz finden sich sowohl in Badgastein im Bereich der Thermalquellen, als auch im Naßfeld zusammen mit Desmin und vor allem auch im Radhausberg-Unterbaustollen (44). Letztere wurden mit Hilfe der Natriumfluoridperlen-Fluoreszenzmethode auf einen Gehalt an Uran mit positivem Erfolg geprüft.

Verteilung und Gehalte an radioaktiven Substanzen.

Wir können ganz allgemein folgende Gliederung radioaktiver Substanzen als Beimengungen in Mineralien geben:

1. Disperse Einlagerung an Kristallbaufehlerstellen, Rissen und Sprüngen.

2. Kristallchemischer Einbau, Tarnung oder Abfangen im Sinne von *V. M. Goldschmidt*.

3. Adsorptive Beimengung.

4. Einbau in das Kristallgitter als Hauptbestandteil.

Vielleicht gehört zu 1. die Spurenbeimengung radioaktiver Substanzen, welche die manchmal unregelmäßig verteilte, manchmal zonare oder einheitliche Färbung der Rauchquarze hervorrufen. Diese Färbung steht in keinem direkten Zusammenhang mit der Höhe der Fundorte, wie das *J. Königsberger* für die Schweizer Vorkommen angegeben hat, sondern scheint an Rauchquarze in aktiven Gesteinszonen des Syenitgneises und mancher Injektionsgneise (Romaten und Baukarlriegel) gebunden zu sein, während die Schieferhülle vorwiegend Bergkristalle enthält.

Zu 2. sind voraussichtlich die eingebauten aktiven Elemente in Fluoriten, Kalkspaten, Xenotim bzw. Zirkon und Orthit zu rechnen[1].

Zu 3. gehört der eine Uranylverbindung enthaltende Glasopal, der Kalkopalsinter und der Reissacherit von Badgastein.

Zu 4. sind die Uranmineralien des Radhausberg-Unterbaustollens zu zählen.

In den Gesteinen sind die aktiven Elemente vor allem in den gesteinsbildenden Mineralien: Orthit, Zirkon-Xenotim, Titanit, Apatit, und dunklem oxydischen Erz (Titaneisen, Magnetit) enthalten.

Für die Tauerngneise unseres Gebietes liegen die grundlegenden Untersuchungen von *H. Mache* und *M. Bamberger* (56) vor. Es wurden verschiedene Schwerefraktionen aus dem Granitgneis der Tauerntunnel-Nordportalseite durch Zentrifugieren der zerkleinerten Gesteinsproben mit schweren Flüssigkeiten gewonnen und einzeln auf ihre Aktivität geprüft.

Die vorerwähnten Autoren fanden die Hauptaktivität der Tauerngneise in den Titanmineralien, da diese in den Schwerefraktionen angereichert die größte Aktivität zeigten, wie aus den folgenden Untersuchungsergebnissen hervorgeht:

I. Ausgangsmaterial 2000 g Granitgneis (vom Nordportal des Tauerntunnels) gepulvert und mit Bromoform zentrifugiert: Ursprüngliche Aktivität: $2 \cdot 91 \times 10^{-12}$ g Radium pro Gramm.

A. Leichter Teil (sehr hell, unmagnetisch): $0 \cdot 06 \times 10^{-12}$ g Radium pro Gramm. 95·4 Gew.% von I. (Quarz, Mikroklin, Albit, Kalkspat, Muskowit, Chlorit).

B. Schwerer Teil (dunkel, glimmerreich): $67 \cdot 3 \times 10^{-12}$ g Radium pro Gramm. 4·6 Gew.% von I. (Biotit, Epidot, Klinozoisit, Titanit, Rutil, Orthit, Erze).

B_1. Von B. leichterer Teil (dunkel, glimmerreich): $20 \cdot 0 \times 10^{-12}$ g Radium pro Gramm. 4·1 Gew.% von I. (88% von B.). (Biotit, ein Teil der Erze und des Epidots.)

B_2. Von B. schwererer Teil (hell, glimmerfrei): 425×10^{-12} g Radium pro Gramm. 0·55 Gew.% von I. (12% von B.). (Rest des

---

[1] In Zirkon und Orthit sind die aktiven Beimengungen häufig dispers verteilt. Eingehende Untersuchungen mit Nuclearplatten sind im Gange.

Epidots und der Erze, Granat, Titanit, Rutil, Orthit. Zirkon wurde in B_2 qualitativ festgestellt.)

Die Aktivität ist auf Grund dieser Bestimmung hauptsächlich an die Orthit, Titanit und Rutil führenden Fraktionen gebunden. Leider wurde die Aktivität des Zirkons aus den Tauerngneisen nicht besonders untersucht. Im oben angegebenen Probematerial ist dieses Mineral offenbar nur untergeordnet enthalten. Bei einem Granit von Tannbach hatte das unmagnetische Endfraktionierungsprodukt mit etwa 80% Zirkon, 20% Titanit (Leukoxen), Apatit, Titaneisen (in Spuren) etwa die hundertfache Aktivität wie der Granit selbst. Nach Messungen von *E. Picciotto* (57) an Graniten aus den Vogesen ist der darin enthaltene Zirkon 8000mal so aktiv wie der Granit, und amerikanische Forscher, *Keevil* und *Larsen* (58) finden bei Granodioriten Californiens eine ungefähr 500fache Aktivität des Zirkons gegenüber dem Muttergestein. Aus dieser Gegenüberstellung ergibt sich, daß beim Zirkon die aktiven Stoffe je nach dem Vorkommen in verschiedener Menge enthalten sind. Größere Schwankungen in der Radioaktivität bei verschiedenen Zirkonproben wurden auch von *O. Weigel* (59) festgestellt. Derselbe Autor konnte auch eine inhomogene Verteilung der aktiven Substanz innerhalb ein und desselben Zirkonkristalls in Form von zonar angeordneten, stärker aktiven Einschlüssen radiographisch nachweisen. Nach *F. G. Houtermans* (Naturwissenschaften 38 [132] 1951) ist die Aktivitätsverteilung in Zirkonkristallen elegant mit Nuclearplatten sichtbar zu machen. Es ergibt sich eine unregelmäßige Verteilung.

Der Vergleich der Radium- und Thoriumgehalte und der Gesamtaktivität verschiedener gesteinsbildenden Mineralien mit den Werten des Muttergesteins (letztere als Einheit mit 1 gesetzt) ergibt bei einem Tonalit (Granodiorit) aus Californien (Lakeview), nach Angaben von *Keevil* und *Larsen* (58) folgendes Bild:

$$Radiumgehalt \times 10^{13}, \; Thoriumgehalt \times 10^{6}$$

Tonalit 4·9		4·0	Relative Gesamtaktivität
Mineral	**Relativer Gehalt an**		
	Radium	Thorium	
Quarz	0·22	0·15	0·2
Plagioklas	0·20	0·38	0·3
Magnetit	0·66	0·76	0·8
Biotit	0·69	0·13	0·5
Hornblende	0·79	1·04	1·0
Apatit	61	71	70
Titanit	289	335	340
Zirkon	439	500	515

Die Messungen von *E. Picciotto* (57) bei den Mineralien eines Vogesengranits ergeben folgende Werte für die relative Gesamtaktivität.

Quarz (mit Einschlüssen, Rissen usw.) . 0·3,   Apatit . . 100·0
Plagioklas (ohne Einschlüsse) . . . . 1·0,   (im Biotit)
Biotit (ohne Einschlüsse) . . . . . 1·7,   Zirkon . . 8000·0
Erz (im Biotit) . . . . 65·0,   (im Biotit)

Obzwar bei den relativen Aktivitätswerten von Zirkon und auch von Biotit größere Unterschiede zwischen den verschiedenen Gesteinen (Tonalit, Kalifornien, und Vogesengranit) auftreten, ist die Übereinstimmung zwischen den Angaben von *Keevil* und *Larsen* und *Picciotto* soweit befriedigend, daß folgende Reihung der gesteinsbildenden Mineralien, geordnet nach steigender Aktivität, gegeben werden kann:

Quarz, Plagioklas, Biotit, Hornblende, oxydisches Erz, Apatit, Titanit, Zirkon.

Leider wurden bei den bisherigen Untersuchungen die Minerale der Klinozoisit-Orthitgruppe, Kalifeldspat und Xenotim zu wenig berücksichtigt. Da letzteres Mineral leicht mit Zirkon verwechselt werden kann, müßten besondere Prüfungen über die Identität der bisher als Zirkon untersuchten Gemengteile vorgenommen werden. *O. Hutton (60)* weist in einer Arbeit darauf hin, daß bei Graniten aus Neuseeland Verfärbungshöfe im Biotit stets um Xenotim- und nicht um Zirkoneinschlüsse auftreten. Auch Thorianitkriställchen wurden als radioaktive Einschlüsse in Graniten von der Bretagne mit Hilfe photographischer Platten von *R. Coppens* (61) erkannt. In den Tauerngneisen konnten wir auf Grund von Dünnschliffen (zum Teil aus eigenen Aufsammlungen, zum Teil aus dem Probematerial von *O. Thomas)* Verfärbungshöfe in Biotit vorzugsweise um Orthit, um ein xenotimähnliches Mineral, das nicht eindeutig von Zirkon unterschieden werden konnte, und um dunkle Erzeinschlüsse beobachten. Auch Klinozoisit, der aus Orthit hervorgegangen ist, gibt zu Hofbildungen Anlaß. Vorwiegend sind es die Syenitgneise, ferner aplitische und injizierte Gneise, welche Verfärbungshöfe in größerer Zahl erkennen lassen. Von solchen Gesteinen seien hier genannt: Zweiglimmergneis (aplitisch injiziert) vom Baukarlriegel (Radhausberg): Höfe um Orthit und Zirkon. Aplitischer Gneis und Schachbrettalbitgneis aus dem Siglitz-Unterbaustollen (aus dem Gebiet der Gneis-Schiefer-Grenze): Höfe um dunkles Erz und Orthit?. Aplit aus dem Syenitgneis gegenüber Schleierfall (Naßfeldertal). Höfe um Orthit-Klinozoisit. Biotitreicher Injektionsgneis von den Nordwänden der Romaten: Höfe um Orthit, Zirkon, dunkles Erz. Gneisgranit vom Ebeneck (Hinterstes Anlauftal): Höfe um größere Xenotim- oder

Zirkoneinschlüsse im Biotit. Injizierter Zweiglimmergneis von der zweiten Brücke hinter dem Kesselfall (Naßfelder Tal): Höfe um Orthit-Klinozoisit.

Leider sind die vorliegenden Höfe für Messungen nicht geeignet, so daß nicht entschieden werden kann, ob Glieder der Radium- oder Thoriumreihe vorliegen. *R. Schwinner* (62) will auf Grund von radioaktiven Höfen in den Tauerngneisen paläozoisches Alter annehmen, doch ist dieser Schluß nicht zwingend, da *H. Hirschi* (63) zeigen konnte, daß prächtig entwickelte Höfe auch in relativ jungen (posttriassischen) Dolomiten von Feldbach im Binnental (Schweiz) auftreten.

Nach Untersuchungen von *E. Picciotto* (57) sind die radioaktiven Substanzen in den gesteinsbildenden Mineralien nicht nur kristallchemisch eingebaut, sondern sie finden sich auch vielfach in Form von ultramikroskopischen Einschlüssen und in Rissen und Sprüngen verteilt.

Erst unter Berücksichtigung dieses dispersen Auftretens läßt sich ein umfassendes Bild über die Gesamtverteilung der radioaktiven Stoffe in einem Gestein gewinnen. Bei einem Granit von Lac Blanc (Vogesen) ergibt sich nach *Picciotto* folgende Gliederung:

1. Konzentration in selbständigen aktiven Einschlußmineralien (Zirkon, Apatit usf.). 54% der Gesamtaktivität.

2. Dispers verteilte aktive Substanzen (inklusive ultramikroskopischer Einschlüsse). 28% der Gesamtaktivität.

3. Aktive Substanz in Rissen, Sprüngen und Klüften. Etwa 18% der Gesamtaktivität. Die Anreicherung in Rissen geht Hand in Hand mit der Konzentration von dunklem, opaken Erz in Begleitung von Epidot. Die unter 3. angeführte Anreicherung soll nach *Picciotto* durch einen sekundären Vorgang (hydrothermale Lösungen) bewirkt werden.

Aus dieser Arbeit von *Picciotto* geht also hervor, daß ein Teil der radioaktiven Substanz dispers und in Frakturen (Risse, feine Klüfte) in den gesteinsbildenden Mineralien und im Gestein eingelagert ist. Die relativ hohe Aktivität der Tauerngneise liegt offenbar darin begründet, daß Orthit, Xenotim-Zirkon und radioaktive Titanmineralien enthalten sind, auch dürfte der hohe Kaliumgehalt eine gewisse Rolle spielen. Auf einen Zusammenhang von Aktivität und Kaliumgehalt bei Schweizer Gneisen hat schon *Hirschi* hingewiesen [1]. Es ist auch bekannt, daß nicht die kieselsäurereichsten

---

[1] Dabei muß auch die Eigenaktivität des Kaliums berücksichtigt werden, welche nach neueren Untersuchungen von *E. Gleditsch* und *T. Graf*, Physical Rev. Vol. 72, 640, 641 (1947) und Vol. 74, 831, 1199 (1948), bedeutend höher ist als ursprünglich angenommen wurde.

Gesteine den größten Radium- bzw. Urangehalt besitzen, sondern syenitische und biotitreiche Injektionsgesteine, in welchen Zirkon-Xenotim und Orthit-Titanit besonders angereichert sind [1].

Die folgende Tabelle soll die Aktivitätsverteilung bei Tauerngneisen und solchen aus der Schweiz erläutern.

Tauerngesteine (56, 65):	10^{-12} g Ra pro g Gestein
Porphyrartiger Granitgneis (Tauerntunnel-Süd) Durchschnitt . . .	2·95
Porphyrartiger Granitgneis (Tauerntunnel-Nord) Durchschnitt . . .	3·6
Hochalmgranit	2·9
Granodiorit . . . .·	2·0
Quarzglimmerdiorit . . . . , ...	1·8
Biotitreiche Schliere (Tauerntunnel)	3·6
Injizierter Biotitgneis . . . .·	3·7
Flasersyenit	70 !

Schweizer Gesteine
Aare-Massiv (64):

Zentrale Granite (Durchschnitt)	7·5
Mittagfluhgranit (randliche Intrusion)	12·1
Puntaiglasgranit (Biotitamphibolgranit)	5·4
Kalisyenit (Giufstöckli)	11·6
Kalisyenit vom Val Giuf	10·6

Gotthardmassiv (66):

Granitgneise vom Gotthard-Tunnel (Durchschnitt)	6·9
Gamsboden-Granitgneis porphyrisch	6·03
Rotondo-Granit . . . . ,	4·62
Fibbia-Granit (vergneist-porphyrisch)	3·14
Medelser Granit (porphyrisch)	2·51
Granitische Gesteine (Durchschnittsgehalt) *Senftle* und *Keevil*, 1947 .	1·395

Aus dieser Tabelle ist vor allem die relativ hohe Aktivität der alpinen Orthogesteine abzulesen. Dabei haben die Schweizer Granite, Syenite und Gneise höhere Radiumgehalte, besonders eine aplitgranitische Intrusionszone des Mittagfluhgranites (67), als die Tauerngesteine und diese wieder .dreimal so hohe als der Durchschnitt der granitischen Gesteine nach neuen Messungen von *Senftle* und *Keevil* (1940). Nach Angaben von *G. Kirsch* (3 d) besitzt der Syenitgneis aus dem Naßfelder Tal die 20 bis 30fache Aktivität des Zentralgneises, während nach unveröffentlichten Messungen von *E. Pohl* (Dissertation, Innsbruck) die Aktivität von Syenitgneisproben aus dem Radhausberg-Unterbaustollen etwa dreimal so groß ist, wie die des porphyrartigen Zweiglimmergneises der Umgebung. Die

---

[1] Nach *Hirschi* (64) reichern sich Zirkon und Orthit in den Kalisyeniten des Val Giuf lokal stark an, vielfach „als Folge von fluidalen und dynamisch-texturellen Vorgängen. Es gibt bestimmte radiumreiche Gesteinszonen".

höheren Radium- und Urangehalte [1] des Syenitgneises würden vielleicht ausreichen, aus ihnen die unbedeutenden Urankonzentrationen in den Uransilikaten und Sulfaten des Unterbaustollens abzuleiten, doch liegt gerade der Syenitgneis im Hangenden der betreffenden Vorkommen und es ist schwer vorstellbar, daß deszendente Tagwässer den aktiven Mineralien Orthit, Xenotim und Zirkon das Uran entzogen haben, da diese schwer löslich sind. Lösungsversuche mit Wasser, welches mit Kohlensäure gesättigt war, haben außerdem erwiesen, daß nur sehr geringe Mengen Radium aus Granitpulver ausgelaugt werden können (56). Dazu kommt noch, daß der Urangehalt bei den bisher analysierten Orthiten (aus Pegmatiten) relativ klein gegenüber dem Thoriumgehalt ist [2]. Als zweite Möglichkeit kommt eine Herleitung des Urans aus uranhältigen Erzen oder bituminösen bis kohligen Schiefern in Betracht. Uranpecherz wurde in den Goldlagerstätten der Umgebung aber nicht gefunden, und die bekannten Erze erwiesen sich bei Prüfung durch ein Beta-Zählrohr als praktisch inaktiv. Graphitische und kohlige Schiefer treten zwar untergeordnet in den Einschaltungen der Schieferhülle zusammen mit Graphitquarziten auf und besitzen auch kleine Spurengehalte von Uran (fluoreszenzanalytisch nachgewiesen), doch liegt kein direkter Anhaltspunkt vor, daß die hydrothermalen Lösungen durch solche kohlige bis graphitische Lagen und Schmitzen hindurch gewandert wären.

Eine Mobilisation des Urans aus dispersen, aktiven Beimengungen und gesteinsbildenden Mineralien: Orthit, Zirkon-Xenotim, wäre durch metamorphe Vorgänge leichter zu verstehen als durch reine Lateralsekretion, doch bleibt in diesem Falle wieder der zeitliche Abstand zwischen der Metamorphose und der späthydrothermalen Abscheidung der sekundären Uranmineralien ungeklärt.

So bleibt für eine Deutung der Herkunft noch als letzte Möglichkeit ein telemagmatischer Ursprung des Urans. Auch hiefür läßt sich ein exakter Beweis nicht erbringen, doch kann in diesem Zusammenhang auf den relativen Radiumreichtum junger (tertiärer) Granite und Orthitgesteine aus dem Bergell hingewiesen werden, wo nach *Hirschi* (27) eine ähnliche Mineralvergesellschaftung von Uranotil mit Zeolithen beobachtet wurde. Die Frage, ob ein nicht sichtbarer junger Pluton auch im Gebiet von Badgastein in der Tiefe aufgedrungen ist und von dort her postmagmatische Restlösungen mit

---

[1] Leider sind wir bis jetzt nur auf indirekte Uranbestimmungen auf Grund von Radioaktivitätsmessungen in den Gesteinen angewiesen. Es fehlen direkte Urananalysen.

[2] In einer Arbeit von *J. Putnam Marble* (Amer. Mineralog. 1950, 35, 845) wurde ein Allanit aus einem Pegmatit in Granodiorit von Greenwich, Massachusetts, analysiert. Der Gehalt an Uran beträgt 0·095%, der an Thorium 1·53%.

radioaktiven Stoffen und vielleicht auch Fluor abwandern, wird mit
den uns zur Verfügung stehenden Mitteln und Methoden zunächst
nicht beantwortet werden können. Nach dem Urannachweis im
Reissacherit durch *Karlik* und in den Kalkopalsintern und Kalksintern der Gasteiner Quellspalten von *Scheminzky* und *Grabherr*
ergibt sich, daß das Gasteiner Thermalwasser Uran in kleinen Mengen mit sich führen muß; der quantitative Urannachweis im Thermalwasser wird eben von *F. Hernegger* (Radiuminstitut) untersucht.
Das in den Gasteiner Thermen nachgewiesene Fluor (bis zu
5·06 mg/kg, nach neuen Bestimmungen von *H. Ballczo* (31), ist
unseres Erachtens wahrscheinlich ebenfalls aszendenter Herkunft.
Die Bildung fluorhaltiger Uranyl-Karbonat-Sulfate geht noch in der
allerjüngsten Zeit (im Stollen seit dem Jahre 1942) vor sich, woraus
geschlossen werden kann, daß ein geringer Uran- und Fluorgehalt
in der zirkulierenden Gesteinsfeuchtigkeit im Radhausberg-Unterbaustollen vorhanden ist. Tatsächlich konnte *H. Ballczo* (31) auch
einen Fluorgehalt von 3·3 mg/kg im Stollensickerwasser dieses Stollens nachweisen.

*Über die Einordnung der pegmatoiden und aplitischen Injektionen
mit ihrem Stoffbestand an seltenen Elementen.*

Gemäß den Anschauungen von *Stille* (68) über die Orogenese und
geologische Zyklen hat *W. Wahl* (69) in einem beachtlichen Aufsatz
eine Zuordnung bestimmter geochemischer Eigentümlichkeiten zu
bestimmten orogenetischen Zyklen versucht. Er findet in der Periode
der Kulmination der Faltung und der großen Überschiebungen spät-
orogene durch Ultrametamorphose entstandene Granite bzw. Gneise
und serorogene palingene Granite, welche alle die flüchtigen Teile der
Sockelpartien der Gebirgsmasse und alle von unten nach aufwärts
wandernden flüchtigen Bestandteile aus tieferen Magmen in sich aufgenommen haben und deshalb oft in Pegmatite übergehen. Letztere
enthalten dann häufig seltene Erden, Thorium und Uran angereichert,
während die früheren primorogenen Granite arm an diesen Elementen und den betreffenden Mineralien sind. *H. P. Cornelius* (70)
hat weiter darauf hingewiesen, daß der Mineralbestand der Pegmatite
des Veltlin und seiner Nachbartäler (Bergell) folgende Gesetzmäßigkeit zeigt: Ältere Pegmatite der Tonalezone führen Turmalin, manchmal Granat und sind arm an seltenen Elementen, während die jüngere Gruppe der Pegmatite (Bergell, Val Codera, Bellinzona, Olgiasca
am Comersee) häufig blauen Beryll (71), Molybdänglanz, Orthit und
neben Spuren von Uranpecherz (28) auch Uranglimmer (72) und
Uranylsilikate: Uranotil (27), Uranophan, uranylhaltigen Glasopal (44) enthalten. Die Mineralvergesellschaftung der pegmatoiden

und aplitischen Injektionen unseres Gebietes entspricht teilweise diesen jüngeren Pegmatiten. Vor allem ist das Auftreten von blauem Beryll und Molybdänglanz das gleiche. Auch Orthit kommt beim Bärenfall (Naßfelder Tal) in aplitischen Injektionen des Syenitgneises vor. Es fehlen allerdings Pegmatite mit Uranpecherz und Uranglimmer, wie sie in der Schweiz und in Oberitalien vorkommen.

Über das Alter der pegmatoiden Bildungen aus unserem Gebiet läßt sich nur aussagen, daß sie zum Teil in der Schieferung liegen, zum Teil diese auch quer durchadern, also offenbar im Zeitraume anschließend an die Schieferung entstanden sind. Es erscheint durchaus möglich, daß ihr Stoffbestand an seltenen Elementen aus älteren voralpinen Gesteinen durch Tiefenmetamorphose oder palingene Resorption vielleicht syenitischer bzw. granodioritischer Gesteine herstammt.

Die Quellabsätze der Gasteiner Thermen.

In den Quellspalten und Reservoirs der Thermen von Badgastein finden sich eine Reihe von Sinterablagerungen, welche man leicht nach chemisch-mineralogischen Gesichtspunkten gliedern kann. Es liegen verschiedene Absätze vor, die eigentlich nicht als selbständige Mineralien bezeichnet werden können, sondern in den meisten Fällen Gemenge von Mineralgelen mit chemischen Absätzen, aber auch mit sandigen Einschwemmungen (Reissacherit). Es wird folgende Übersicht gegeben:

1. Kalksinter, weißlich bis gelbbraun. In Form von Tropfsteinen, röhrenförmig, schalig, auch als Zäpfchensinter entwickelt.

Fluoreszenz hellweißlich bis gelblich mit kräftigem und langem Nachleuchten. Diese Bildungen besitzen oft einen nicht unbedeutenden Strontiumgehalt. (Siehe die Arbeit von *E. Dittler* und *Abrahamczik* [4 a].)

Eine besondere Bildung (unter der Mitwirkung von Blaualgen und Bakterien entstanden) ist der Warzen- oder Knöpfchensinter.

Scheminzky und *Grabherr* (73, 74) haben die Warzen- und Knöpfchensinter eingehend untersucht, auch quantitativ auf Uran. Außerdem haben *Scheminzky* und *Rüling* noch die Aktivität der Sinter mit Kernplatten geprüft.

2. Kalkopalsinter (Fledermausquelle). Weißliche bis graue Abscheidungen von Kalksubstanz, vermengt mit gelartiger Kieselsäure.

Diese Bildungen zeigen teilweise eine schön grüne Uranylfluoreszenz mit den entsprechenden Banden im Fluoreszenzspektrum (24), bedingt durch einen wahrscheinlich adsorptiv festgehaltenen Gehalt an Uranylkomplexverbindungen (Sulfat oder Silikat?).

Der Urangehalt der Kalkopalsinter ist von *Scheminzky* und *Grab-herr* mit 10^{-3} g U/g festgestellt worden (vgl. die in der vorliegenden Festschrift erscheinende Arbeit).

3. Kieselsinter, zum Teil tonerdehaltig.

Weißliche bis graue rahmartige Abscheidungen. Hauptsächlich von der Franz-Josefs-Quelle. Diese Sinter sind wahrscheinlich unter der Mitwirkung von Bakterien entstanden und enthalten Silber (4 a) und ein Teil auch Chrom neben anorganischen und organischen Hauptbestandteilen. Eine Analyse wurde von *E. Dittler* und *Abraham-czik* (4 a) ausgeführt.

4. *Reissacherit:* Eisen- und manganhaltige Ablagerungen mit zahlreichen metallischen Spurenelementen, auch mit radioaktiven Substanzen, welche größtenteils wahrscheinlich adsorptiv gebunden sind (4 a). Auch diese Bildungen sind voraussichtlich unter der Mitwirkung von Eisen-Manganbakterien entstanden (75).

Reissacherit ist ein Gemenge von verschiedenen gelartigen und teils chemisch, teils adsorptiv gebundenen, teils mechanisch beigemengten (sandigen) Anteilen. Deswegen zeigen die Analysen auch eine sehr schwankende Zusammensetzung und sind nur zum Teil verwendbar. Als Fundorte kommen nicht nur die Quellaustritte, sondern auch verschiedene Kluftfüllungen ehemaliger Thermalspalten in Gastein in Frage.

5. Verschiedene Sulfatabsätze und Ausblühungen von der Fledermausquelle (siehe *H. Ballczo* [76]) mit vorwiegend Kupfer-Eisensulfat, Natriumsulfat bzw. Kaliumsulfat mit Lithium, Arsen, Silber, Uran und Chlor als Anion.

Auch Germanium konnte von *H. Ballczo* chemisch und von *Fr. X. Mayer* spektralanalytisch nachgewiesen werden.

Die Spurenelementvergesellschaftung in den Quellabsätzen von Badgastein und Umgebung.

Obzwar in einigen Arbeiten der letzten Zeit von *H. Leitmeier* (41 a, b) die Ansicht vertreten wird, daß weder der Stoffbestand der Gasteiner Thermen, noch die Spurenelementvergesellschaftung in den Kluftmineralen etwas Sicheres über die Genesis besagen, so ist die Bestimmung der Spurenelementverteilung (Mikroparagenese) sowohl in Thermen als auch in Mineralien und Erzen dennoch nicht ohne Bedeutung für die geochemische Kennzeichnung unseres Gebietes im Vergleich zu anderen Thermen, Mineral- und Erzlagerstätten innerhalb und außerhalb des alpinen Bereiches. Das zeigen auch Arbeiten anderer Forscher, welche ebenfalls die Elementvergesellschaftung in

Thermen (77) und Erzen (78) sogar für genetische Schlußfolgerungen bis zu einem gewissen Grade mit Vorteil benützen konnten. Wir wollen aber trotzdem die kritischen Bemerkungen von *H. Leitmeier* gerne gelten lassen, soweit sie zu einer vorsichtigen Beurteilung des vorgefundenen Tatbestandes mahnen.

Die für die Spurenelementbestimmung gegebene Methode ist die spektral-analytische, welche dank der Mitarbeit von Prof. *A. Gatterer,* Dozent *Fr. X. Mayer* und Dr. *E. Schroll* in größerem Umfang für unsere Untersuchungen herangezogen werden konnte. Die Aufnahmen wurden von *A. Gatterer* mit einem Zeiss-3-Glas-Prismen-Spektrographen (Gebiet: 4700—3880 Å) und mit einem Zeiss-Qu-24-Quarzspektrographen (Gebiet: 4700—2200 Å) im Gleichstrombogen mit Ruhstrat-Kohlen auf Ferrania fotomeccanica Platten, die von *Fr. X. Mayer* und *E. Schroll* mit einem Zeiss-Qu-24-Spektrographen zum Teil im mechanischen Abreißbogen, zum Teil mit einem Pfeilsticker-Hochfrequenzabreißbogen mit Ruhstrat-Kohlen und Elektrolytkupfer auf Perutz-Silbereosin, Kodak-Spezialplatten durchgeführt [1].

Zunächst soll die letzte ausführliche Reissacheritanalyse von *E. Dittler* und *E. Abrahamczik* (46), durch spektrographische Aufnahmen von *H. Haberlandt* ergänzt (großer Fuess-Spektrograph, Radiuminstitut), und Messungen über den Gehalt an radioaktiven Elementen (Wiener Radiuminstitut) angeführt werden.

1. Reissacherit-Elisabethstollen. Bezogen auf rückstandsfreie bei 110° getrocknete Substanz.

SrO	$0\,5 - 1{\cdot}0\,\%$	Ag	0·0034
CuO	$0{\cdot}33\,\%$	Au	0·7 g/t
PbO	0·139	F	0·01 — 0·001
ZnO	0·099	ThO_2	$1{\cdot}32 \times 10^{-2}$ g/Gramm [1]
As_2O_5	0·001	Ra	$5{\cdot}66 \times 10^{-8}$ g/Gramm
Bi_2O_3	$<0{\cdot}C01\,\%$	U	$4{\cdot}6 \ \times 10^{-5}$ g/Gramm [2]
Sn	$<0{\cdot}001$		

Zum Vergleich die Werte von *H. Mache* (56) für Th und Ra auf Grund von Emanationsbestimmungen.

$$\text{Th } 3{\cdot}97 \times 10^{-3} \text{ g Th/Gramm Reissacherit [3]}$$
$$\text{Ra } 2{\cdot}92 \times 10^{-9} \text{ g Ra/Gramm Reissacherit}$$

2. *Reissacherit aus dem Straubinger Reservoir* (gesammelt von *J. Knett,* 1913). Rudolfsquellenwasser.

a) **Spektrographische Aufnahmen von *A. Gatterer*** unter anderem:

---

[1] Dieser Thoriumwert, auf Grund der Emanationsmethode von *H. Pertz* im Radiuminstitut bestimmt, dürfte einer Korrektur bedürfen, da wahrscheinlich Mesothorium vorhanden ist. Eine spektrographische Analyse ergab einen Th-Gehalt unter 0·1%.

[2] Von *B. Karlik* im Radiuminstitut mit der Fluoreszenzmethode bestimmt.

[3] Inklusive Mesothorium wie bei [1].

In größerer Menge vorhanden: Mangan, Eisen, Silicium.

Sehr deutliche Spuren: Titan, Kupfer, Blei, Strontium, etwas weniger Barium.

Deutliche Spuren: Zink, Zinn, Wismut, Chrom, Gallium, Beryllium, Rubidium, Lithium.

Geringe Spuren: Silber, Molybdän, Vanadin, Arsen, Germanium, Ytterbium (0·001%), Antimon, Kobalt? Nickel? Gold?

Nicht erkennbar: Indium.

b) Spektrographische Aufnahmen von *Fr. X. Mayer.*

Vorhergehende chemische Anreicherung *(H. Haberlandt)* und Elektrolyse *(F. X. Mayer).* Auflösung der Probe mit konzentrierter HCl (unter Chlorentwicklung).

b$_1$) *Salzsäureunlöslicher Rückstand:* Unter dem Mikroskop identifiziert. Quarz, Feldspat, Muskovit, Biotit, Chlorit, Zirkon und Xenotim?

Spektrographisch nachweisbar, unter anderem: Sn, Zr, Ti, Ga, Li (angereichert), andere Spurenelemente zurücktretend.

b$_2$) *Salzsäurelösliches Filtrat:* Im Eindampfrückstand feststellbar. Neben Mangan und Eisen, unter anderem: Ti, Sn, As.

Aufarbeitung des Filtrates unter Zusatz von Schwefelsäure, Eindampfung zur Trockne, Aufnahme mit destilliertem Wasser.

Elektrolyse der schwach schwefelsauer gemachten Lösung.

Die dabei verwendeten Platinelektroden wurden im Funken aufgenommen und folgende Elemente nachgewiesen.

Auf der Kathode: Mn, Pb, Cu, Sn, Ti.

Auf der Anode: Mn, Pb.

Der Rückstand der schwefelsauren Lösung wurde mit Königswasser behandelt und eingedampft. Eine spektrographische Aufnahme ergab: *Ba, Pb, Be,* Sr, Cu, Sn, Bi, Ti.

Der in Königswasser unlösliche Rückstand ergab: Neben Mangan unter anderem: Be, As.

3. Zum Vergleich: Ältere Bestimmungen von Spurenelementen in Reissacheritproben von der Rudolfsquelle durch *Mache, Bamberger* (56).

Chemische Analyse: (*Bamberger*).	*Emanationsmessung:* (*Mache*).
CuO 0·65%	4988×10^{-5} g Th[1]/Gramm Reissacherit
ThO$_2$ 0·14%	4473×10^{-10} g Ra/Gramm Reissacherit

---

[1] Wie *Mache* selbst angibt, dürften die Thoriumwerte auf Grund der Emanationsmessungen zu hoch sein, da die Anwesenheit von Mesothorium eine Korrektur notwendig macht.

Qualitativ nachweisbar: In Spuren Sr, Pb, As, Zr, Au.

Zusammenfassend kann auf Grund der bisherigen Analysen folgender Spurenelementgehalt in den Gasteiner Reissacheriten angegeben werden: Sr, Ba, Ti, Cu, Pb, Zn, Sn, Bi, Cr, Ga, Be, Ag, Mo, V, As, Ge, Yb, Zr, Th, Ra, U, Sb, Rb, Li.

Die Herkunft des Mangans und der Spurenelemente soll nun kurz diskutiert werden. Von den Hauptbestandteilen des Reissacherits ist das Mangan nicht aus den Pyriten der Gasteiner Gegend ableitbar, da diese nach spektralanalytischen Untersuchungen von *E. Schroll* sehr manganarm sind. Hingegen ist die Zinkblende und der Siderit aus dem Siglitz-Pockhart-Erzrevier reich an Mangan, so daß beide Mineralien als Manganlieferanten in Frage kommen, wenn man eine Auslaugung von Erzlinsen durch die Gasteiner Thermen annehmen will.

Titan, Gallium, Germanium, Vanadin, Chrom, Ytterbium und Zirkon werden wenigstens zum Teil in beigemengten Mineralien des Reissacherites enthalten sein.

Ebenso dürfte ein Teil der im Reissacherit vorgefundenen Spurenmetalle: Kupfer, Blei, Zink, Silber, Wismut, Arsen und Molybdän sich in beigemengten oder eingeschwemmten Erzkörnern vorfinden, oder aus solchen durch das Thermalwasser herausgelöst und im Reissacherit durch Adsorption angereichert worden sein. Am schwierigsten ist die Herkunft des Zinns zu deuten.

Auf Grund der spektrographischen Analysen kommt es sowohl im Reissacherit der Rudolfsquelle als auch in dem der Elisabethquelle in einer Menge vor, die wahrscheinlich größer ist, als der auf Grund der chemischen Analyse gefundene Wert (0·001%). Da zunächst der Verdacht einer Einschleppung des Zinns durch verzinnte Röhren in den Gasteiner Quellschächten nahelag, wurde auch ein Reissacherit aus dem Reissacherstollen, direkt vom Quellursprung entnommen, spektralanalytisch geprüft. Sowohl in diesem Absatz als auch in einem Kieselsinter von der Franz-Josefs-Quelle wurde Zinn festgestellt. Dieses Element ist auch andernorts in vielen Thermalquellen und Mineralwässern nachgewiesen worden und kann telemagmatischer Herkunft sein. Zinn wurde aber auch im Bleiglanz (Stollen beim Hotel Europe) und im Kupferkies (Felswand hinter Hotel Austria) in Spuren von *E. Schroll* spektralanalytisch bestimmt und gerade vom letzteren Fundort liegt ein zinnhaltiger Reissacherit vor (siehe später).

Auch in gesteinsbildenden Mineralien ist Zinn spektralanalytisch festgestellt worden, so in Glimmern von *L. H. Ahrens* (79) und im Glimmer und Feldspat der Granite aus dem Harz von *J. Ottemann* (80). Es ist daher nicht ganz auszuschließen, daß der relativ kleine

Zinngehalt des Reissacherits sekundär aus zinnarmen Eisen oder auch aus gesteinsbildenden Mineralien herstammt, z. B. Rutil, siehe Tab. 6.

L. Strock (77) weist darauf hin, daß Zinn in vierwertiger Form stabile, lösliche Anionenkomplexe, z. B. als Ca $(SnO[CO_3]_2)$ bildet und erklärt so seine Anreicherung im Thermalwasser von Saratoga-Springs, USA. (0·032 mg pro Liter). Ebenso hält *Strock* beim Beryllium die Existenz stabiler Anionenkomplexe in Thermalwässern für möglich. Beryllium wurde in verschiedenen Mineralquellen (81) und Quellabsätzen (82) analytisch festgestellt.

Für die Anreicherung mancher Spurenelemente im Reissacherit kann auch die Mitwirkung von Bakterien maßgebend sein, da in diesem Scheiden von Eisenbakterien von *S. Stockmayer* (75) nachgewiesen wurden.

Ähnliche Anreicherungsvorgänge dürften auch für den Silbergehalt des Gasteiner Kieselsinters von der Franz-Josefs-Quelle gelten (83).

Eine besondere Rolle wird der Adsorptionsfähigkeit des Eisen- bzw. Manganoxydhydratgeles für radioaktive Stoffe zuzuschreiben sein und so erklärt sich wohl die Anreicherung von Radium im Reissacherit, worauf bereits *H. Mache* hingewiesen hat. Das Mißverhältnis von relativ wenig Uran zu viel Radium im Reissacherit stimmt mit dem noch unveröffentlichten Befund von *Fr. Hernegger* (Wiener Radiuminstitut) über den Urangehalt des Gasteiner Thermalwassers überein, wonach relativ sehr wenig Uran gegenüber dem Emanationsgehalt vorhanden ist.

Wenn die Spurenelementvergesellschaftung in den Gasteiner Reissacheriten verglichen wird mit der in den Mineralien und Erzen der Umgebung gefundenen, so ergibt sich eine gewisse Analogie. Trotzdem bleibt die relativ sehr große Anreicherung von Mangan und eine gewisse Konzentration von Zinn auffallend.

Ein Vergleich der Gehalte von Spurenelementen in den Gasteiner Thermen mit denen der Reissacherite ist nicht vollständig möglich, weil zu wenig moderne Bestimmungen vorhanden sind.

Die letzte veröffentlichte Analyse wurde von *E. Ludwig* und *Th. Panzer* (84) im Jahre 1900 durchgeführt (Elisabethquelle). Herrn Prof. *Scheminzky* verdanken wir eine auf Grund neuerer Untersuchungen des Forschungsinstitutes Gastein ergänzte und umgerechnete Ausfertigung der Analyse vom 8. Juni 1940, ebenfalls von der Elisabethquelle (Hauptaustritt), welche bisher nicht veröffentlicht wurde.

Von dieser Analyse geben wir in folgender Zusammenstellung die Gehalte in mg/Kilo an.

Kationen		Anionen	
K ·	3·4	NO_3'	0
Na ·	77·6	NO_2'	0·1
Li ·	0·22	Cl'	25·7
NH_4	0	F'	4·95
Ca ··	21·5	SO_4''	130·1
Sr ··	0·47	S_2O_3''	0·55
Ba ··	0·014	HPO_4''	0·195
Mg··	0·39	HCO_3'	56·68
Fe ··	0·42	H_2SiO_3	75.4
Mn··	0·1	HBO_2	4·97
Al ···	0·2	CO_2 (frei)	5·4
		H_2S (frei)	0

Als Spurenelemente sind ferner nachgewiesen: Arsen (0·00143 mg $HAsO_4$''), Caesium (0·0001 mg), Rubidium (0·0001 mg), Titan (0·0001 mg).

Radioaktivität: Bestimmungen von *F. Hernegger* (Radiuminstitut, Wien).

Radiumemanation (Bestimmung von *Rüling*, Innsbruck): 67·6 Millimikrocurie pro Liter, gleich rund 187 M. E.

Radium: 62 . 10^{-12} g/Liter.

Uran: 0·18 . 10^{-6} g/Liter.

Fluorbestimmungen wurden mit neuen Methoden von *R. Bisanz* und *E. Kroupa (85)* und *H. Ballczo* (76) in verschiedenen Thermalquellen Gasteins ausgeführt.

	R. Bisanz und	*unveröffentlicht*	
Elisabeth-Quelle	*E. Kroupa*, 1939	*E. Kroupa*, 1939	*H. Ballczo*, 1949
F in mg/kg	2·79	4·94	4·96

Die alten Werte von *Ludwig* und *Panzer* und der unveröffentlichte Wert von *R. Bisanz* und *E. Kroupa* für Fluor dürften infolge Unzuverlässigkeit der angewendeten Methode zu niedrig sein. Die neuen Werte von *E. Kroupa* (1939 unveröffentlicht) und *H. Ballczo* (1949) stimmen ausgezeichnet überein. Verglichen mit Fluorgehalten in anderen Wässern können die Gasteiner Thermen als fluorreich bezeichnet werden. So enthält nach *Th. v. Fellenberg* (86) die fluorreichste Mineralquelle der Schweiz 4·13 mg F im Liter und nur 22% der untersuchten Schweizer Mineralwässer hatten einen Fluorgehalt von über 1 mg F im Liter. Interessant ist die Angabe *Fellen-*

bergs, daß diese fluorreichen Mineralwässer in der Regel Glaubersalzwässer sind.

Fellenberg gibt auch den Fluorgehalt des Mineralwassers von Vichy (französisches Zentralplateau) zu 5·40 mg/Liter an. Das ist ein ähnlicher Wert wie der im Thermalwasser von Badgastein. Die Herkunft des Fluors könnte auch dort telemagmatisch gedeutet werden.

Über die Spurenmetallgehalte in den Gasteiner Thermen liegen aus neuerer Zeit nur die Untersuchungen von *E. Abrahamczik* (87) vor. Er fand nach Anreicherung durch künstliche Permutite folgende Metallgehalte in der Rudolfsquelle:

Angaben in Milligramm pro Liter.

Zn 0·01, Cu 0·001, Pb 0·0005, Ag 10^{-5}, Sn $< 10^{-8}$, Au $< 10^{-9}$

Zum Vergleich führen wir einige Metallgehalte von anderen Thermalquellen aus einer Zusammenstellung von *St. Miholic* (88) an.

Angaben in Milligramm pro Liter.

	Zn	Cu	Pb	Sn
Sicheldorf (Jugoslawien)	0·0839	0·0070	0·0174	0·0020
Gabernik (Jugoslawien)	0·0514	0·0111	0·0183	0·0140
Kostrivnica (Jugoslawien)	0·0543	0·0232	0·0071	0·0082
Pyrmont (Deutschland)	0·115	0·49		
Alexisbad (Deutschland)	1·73	4·48		
Aachen (Deutschland)	0·14	0·04		
Rippoldsau (Deutschland)		0·08	0·02	0·02 (Durchschnitt)

Im Vergleich zu den Metallgehalten dieser Wässer liegen die Werte bei der Rudolf-Quelle für Zink, Kupfer, Blei und Zinn wesentlich niedriger. *Miholic* (89) hat in einer anderen Arbeit die These aufgestellt, daß das vorwiegend vorhandene Metall für eine bestimmte geologische Altersphase der Bruchspalten, in denen die entsprechenden Thermalwässer aufgedrungen sind, charakteristisch ist. So würden ältere alpine Bewegungen (Kreide und Alttertiär) mit Mineralwässern, die vorwiegend Zink enthalten, in Verbindung stehen, während solche mit Bleivormacht mit jüngeren miocänen alpinen Bewegungen Hand in Hand gehen sollen. Auf Grund des vorhandenen Materiales würden wir es aber für verfrüht halten, Schlüsse solcher Art für die Gasteiner Thermen zu ziehen, da noch zu wenig zuverlässige Bestimmungen vorliegen.

Von *H. Mache* (90) wurde besonders darauf hingewiesen, daß der an den Quellmündungen sich bildende Reissacheritschlamm die Eigenschaft hat, das Radium (und Mesothorium) zu adsorbieren und anderseits wegen seines lockeren Gefüges die aus diesem Radium (und Mesothorium) entwickelte Emanation ganz besonders leicht und vollständig an das Thermalwasser abzugeben. Daraus erklärt sich ein relativ hoher Emanationsgehalt knapp vor dem Austritt der Quellen.

Die relative Armut der Gasteiner Thermen an Spurenmetallen dürfte auch mit der Adsorptionsfähigkeit des Reissacherits für diese Metalle im Zusammenhang stehen. Die Spurenelementvergesellschaftung der nahen Golderzgänge findet sich im wesentlichen auch im Reissacherit vor. Auf diese Zusammenhänge wurde bereits von *A. Tornquist* (91) hingewiesen und auf die Wichtigkeit von Spurenelementuntersuchungen in den Thermalquellen Österreichs hingewiesen. Es darf hier vermerkt werden, daß solche Untersuchungen auch vom medizinischen Standpunkt von Wichtigkeit sind. Leider standen bisher nicht die Mittel zur Verfügung, solche Bestimmungen auch für die Gasteiner Thermen, nicht nur für die Reissacherite, durchzuführen. Zum Vergleich der eigentlichen Reissacherite von Badgastein mit ähnlichen Bildungen aus Felsklufttaschen ohne derzeitige Thermaltätigkeit und mit Verwitterungsockern sowie mit erdigen, eisen- und manganreichen Mineralkluftfüllungen aus der Umgebung wurden mehrere solche Proben aufgesammelt und von *F. X. Mayer* und *E. Schroll* spektralanalytisch geprüft. Die Resultate sind in der folgenden Tab. 2 übersichtlich zusammengestellt. Auch die vor dem Zählrohr (Beta-Zählrohr mit Verstärker) beobachtete Aktivität wurde in die Tabelle aufgenommen.

Probe 1, 2 und 3 sind auf Grund ihrer Aktivität als richtige Reissacherite anzusprechen. Sie besitzen einen Gehalt an Zinn, Wismut und Silber, welcher den übrigen Proben 4, 5 und 6 fehlt. Der Gehalt an Nickel und Kobalt scheint hingegen für die Proben 4 (Klufttaschenfüllung im Steinbruch Böckstein) und 6 (ockerige Kluftüberzüge auf Syenitgneis im Radhausbergstollen) charakteristisch zu sein. Offenbar sind hierbei Verwitterungsrückstände von kobalt- und nickelhaltigen Pyriten beteiligt.

Alle Proben besitzen einen recht hohen Mangan- und Eisengehalt, der auf der Tabelle nicht besonders vermerkt wurde. Bei 6 überwiegt eher das Eisen, bei 1 bis 5 eher das Mangan. Titan, Vanadin, Chrom, Blei, Zink und wahrscheinlich auch Kupfer ist in allen Proben in wechselnder Menge vorhanden. Vanadin ist besonders im Syenitgneisocker enthalten, welches im Syenitgneis selbst nachgewiesen wurde.

102   H. Haberlandt und A. Schiener:

Tab. 2. Die Verteilung wichtiger Spurenelemente in Reissacheriten und ähnlichen Bildungen aus Badgastein und Umgebung[1].

(Die angeführten Proben sind ungefähr nach abnehmendem Mn-Gehalt geordnet.)

Probe Nr. 1: Reissacherit, Straubinger Reservoir
Probe Nr. 2: Reissacherit, Elisabethstollen
Probe Nr. 3: Reissacherit, dunkelbrauner bis schwarzer Überzug von einer Felswand beim Hotel Austria (Aufgesammelt von Prof. *F. Scheminzky*)
Probe Nr. 4: Klufttaschenfüllung, dunkelbraun und erdig, aus den oberen Partien des Steinbruches bei der Haltestelle Böckstein
Probe Nr. 5: Kluftbelag, erdig und braun, aus einer Mineralkluft mit Bergkristall und Rutil vom Ortberg (über 2000 m Seehöhe)
Probe Nr. 6: Kluftüberzüge, dunkelbraun, aus dem Syenitgneis des Radhausberg-Unterbaustollens.

Zeichenerklärung: XXXX > 1%
XXX   0·1—1%
XX   0·01—0·1%
X < 0·01%
—   nicht nachgewiesen.

Probe Nr.	Radio-aktivität	Be	Cu	Ag	Sn	Bi	Zn	Pb	Co	Ni	Ti	Cr	Mo	V
1	+	X	XXX	X	XX	XX	XX	XXX	—	—	XXX	X	X	X
2	+	X	XX	X	X	X	XX	XX	—	—	XXX	X	—	XX
3	+	X	XXXX	X	X	X	XXX	XX	X	XX	XXX	XX	XX	X
4	?	XX	XX	—	X	—	X	X	XX	—	XXX	XX	X	X
5	—	—	X	—	—	—	XXX	XX	—	X	XXXX	X	—	X
6	—	—	XX	—	—	—	X	X	X	XX	XXX	X	—	XX

Für die ockerige Mineralkluftfüllung vom Ortberg ist die relative Armut an Spurenelementen eigentümlich. Probe 4 aus dem Steinbruch Böckstein müßte mit einer genaueren Methode auf aktive Elemente geprüft werden, bevor ein eindeutiges Urteil über ihre Zugehörigkeit zu den Reissacheriten möglich ist. Der hohe Mangan- und Eisengehalt für sich allein darf nicht als verläßliches Kriterium für die Identifizierung herangezogen werden. Probe 6 scheint im wesentlichen ein Zersetzungsprodukt des Syenitgneises zu sein. Dieses Gestein [2] enthält nach einer spektrographischen Prüfung unter anderen Elementen: Vanadin, Chrom, Nickel, Kobalt, auch Beryllium und etwas Zinn in Spuren.

---

[1] Die Reissacherite zeigen eine gewisse Schwankung im Spurenelementgehalt, die berücksichtigt werden muß. Ausführliche spektrographische Untersuchungen werden gesondert von *E. Schroll* veröffentlicht werden.

[2] Von einem anderen Fundort (Romaten).

Spurenelementgehalte in verschiedenen Erzen aus dem Bereich der Goldlagerstätten der Umgebung.

1. Nickel und Kobaltgehalt in Pyriten.

In Tab. 3 finden sich die Kobalt- und Nickelbestimmungen von *E. Schroll in* Pyriten, im wesentlichen nach fallendem Kobalt- und steigendem Nickelgehalt geordnet, zusammengestellt. Leider können die Bestimmungen von *Fr. Hegemann* (92) infolge fehlender Angaben über genaue Herkunft sowie über den Verband mit anderen Mineralien und die Art des Nebengesteines nur teilweise zur Deutung herangezogen werden. In großen Zügen läßt sich eine Abhängigkeit des Kobalt- bzw. Nickelgehaltes in der Weise erkennen, daß Pyrite aus tieferen Zonen des Gneises oder solche in Verbindung mit aplitischen Injektionen (Proben 1 bis 9) Kobaltvormacht und nur wenig Nickel enthalten. Eine Ausnahme bildet ein Pyrit aus dem oberen Ritterkar (Rauris), im Gebiet der Schieferhülle, der aus der dortigen Vererzung stammt (Probe Nr. 4) und ein Pyrit ebenfalls aus der Vererzung von den oberen Halden des Radhausberges aus der Fäule (Probe Nr. 9).

Proben Nr. 10 bis 18 stammen größtenteils aus den oberen Lagen (Schieferhülle) und sind mit Ausnahme Nr. 14 und 16 Kluftpyrite, oder wie Nr. 13 aus kleinen Adern in der Nähe von Mineralklüften stammend. Nr. 14 wurde vom höchsten Ausbiß eines Erzganges genommen, wo sich bereits Übergänge zur Kluftmineralisation einstellen. Nr. 11 stammt aus höheren Etagen des Siglitz-Naßfeldbergbaues und wurde in einem Hohlraum frei auskristallisiert gefunden, gehört also nicht zur eigentlichen Gangvererzung, welche größere Kobaltgehalte aufweist. Pyrite aus der Schieferhülle enthalten kein Kobalt und wenig Nickel.

Es ist uns bewußt, daß das Probenmaterial nicht groß genug ist, um aus den bisherigen Bestimmungen bindende Schlüsse zu ziehen, doch können die bisherigen Ergebnisse immerhin als Anregung zu weiteren Forschungen dienen. Bei zukünftigen Untersuchungen müßten auch die von *Hegemann* (92) gefundenen Schwankungen der absoluten Kobalt- und Nickelgehalte bei demselben Fundort und innerhalb einzelner Pyritkristalle berücksichtigt werden.

2. Gehalte von Spurenelementen in Zinkblenden (Tab. 4).

Von *E. Schroll* wurden bereits einige Bestimmungen seltener Elemente in Zinkblenden veröffentlicht (94), wobei besonders ostalpine Vorkommen berücksichtigt wurden. Auf Grund der vorliegenden neuen Ergebnisse (Tab. 4) kann ein Gehalt an Indium in Verbindung mit einem kleinen Kobaltgehalt, bei Fehlen von Germanium

Tab. 3. Nickel und Kobaltgehalte in Pyriten aus der Umgebung von Badgastein.

(Spektrochemische halbquantitative Analysen von *E. Schroll*. Fehler — 50%.)
Weitere Analysenergebnisse von *F. Hegemann* (92) sind mit * versehen anschließend beigefügt.

Nr.	Fundort	Nebengestein Paragenese	Ausbildg. Kristall-tracht	Co %	Ni %
1	Plattenkogel Süd (Ankogel-Gebiet)	Aplit	hko	0·1	—
2	Bärenfall, Naßfelder Tal	Aplit	100	0·1	<0·01
3	Hotel d'Europe Badgastein	Quarzlage mit Bleiglanz im aplitischen Gneis	derb	0·03	<0·01
4	Oberes Ritterkar Vererzung	Quarz, Arsenkies Glimmerschiefer	derb	0·03	<0·01
5	Naßfeld-Stollen Siglitz 3370 m NS.	Pyritgang in Quarz	derb	0·1	0·01
6	Naßfeld-Siglitz	mit Zinkblende in Quarz		0·03	—
7	Naßfeld-Stollen Siglitz 1585 m OW	in Quarzgang	derb	0·05	0·03
8	Naßfeld-Stollen Siglitz 1100 m OW	in Quarzgang	derb	0·03	0·01
9	Radhausberg Berghalden	Quergang mit Quarz aus Fäulenschiefer	derb	0·05	0·01
10	Grieswies, Rauris	mit Bergkristall aus Kluft (Schiefer)	100	0·03	0·03
11	Naßfeld-Siglitz Dionysgang	Hohlraum im Gneis	hko + 100	0·01	0·03
12	Romaten, Weißenbachtal	Kluft im Syenitgneis	kho + 111	0·01	0·03
13	Radhausberg Baukarriegel	Ader in Quarz, in Kluftnähe	derb	<0·01	0·05
14	Silberpfennig	Ausbiß-Erzgang Schieferhülle	100	—	<0·01
15	Hiefelwand, Rauris	Injizierter Schiefer Kluftpyrit mit Periklin	100 +111	—	<0·01
16	Schwarzkopf, Rauris	Vererzung. Arsenkies Quarz in Schiefer	derb	—	<0·01
17	Schwarzkopf, Rauris	Kluftpyrit		—	—
18	Ritterkar, oberes, Rauris	Kluft? Kupferkies Schieferhülle	100	—	<0·01
*	Böckstein	Quarz	derb	0·03— 0·003	0·007— 0·0007
*	Rauris	mit Albit auf Gneis	210	0·1	0·003
*	Naßfeld-Siglitz	in kiesigem Quarzgang	derb	0·02	0·003
*	Naßfeld-Siglitz	im Gneis, auf einer Kluft	hko	0·0025	0·002
*	Naßfeld-Siglitz	in Quarz	100	0·075— 0·015	0·01— 0·001

und Gallium (höchstens in Spuren) für die **Zinkblenden** der Tauern-golderze um Gastein als eigentümlich angesehen werden. Im Vergleich dazu haben die Vorkommen aus dem Lungau, Salzburg (93), mehr Gallium und weniger Indium, die Zinkblenden von der Axelalpe (Hollersbachtal) ebenfalls mehr Gallium und kein Indium. Indium soll nach Arbeiten von *N. M. Prokopenko* (94) in russischen Zinkblende-Lagerstätten, die vor allem an granitische bis grano-dioritische Eruptivgesteine geknüpft sind, bevorzugt auftreten. Auch dürften eisenreiche Zinkblenden, wie sie auch in unserem Gebiet vorliegen, im allgemeinen mehr Indium enthalten, als eisenarme. In Bezug auf die Bildungstemperatur läßt sich auf Grund der bisher untersuchten Zinkblendevorkommen aus verschiedenen Gegenden (95) feststellen, daß mesothermale Bildungen einen optimalen Indiumgehalt besitzen, während ein Galliumgehalt, und noch mehr ein Germaniumgehalt erst bei niedriger Entstehungstemperatur der betreffenden Zinkblenden auftritt.

Tab. 4. Mikroparagenese von Zinkblenden aus den Tauern-goldgängen.

(Spektrochemische Analysen von *E. Schroll* [1].)

Beschreibung der Proben:

Nr.	Fundort	Textur	Farbe
1	Radhausberg	grobkörnig	grünlich bis orangebraun
2	Radhausberg, Florianist.	kleinkörnig	bräunlich
3	Siglitz, Naßfeld	derb, grobspätig	schwarzbraun
4	Siglitz, Naßfeld	derb, grobspätig	schwarzbraun mit metallischem Glanz
5	Hoher Goldberg	×× (auf PbS)	bräunlich
6	Hoher Goldberg	grob- bis kleinkörnig (eingesprengt im Zentralgneis)	grünlichgrau bis orangebraun

Nr.	Mn	Fe	Co	Ag	Cd	Hg	In	Ge	Sn	Pb	Sb	Bi
					Gramm pro Tonne							
1	3.000	30.000	500	500	5.000	10?	300	—	3	5.000[2]	30	50
2	—	30.000	50	5	5.000	—	10	—	—	50	30	5
3	1.000	100.000	500	1	10.000	—	50	—	—	—	—	—
4	3.000	100.000	300	30	10.000	10?	10	—	—	100	—	—
5	1.000	10.000	300	10	5.000	—	30	—	—	500	—	—
6	5.000	50.000	1.000	10	5.000	—	30	1	30	100	—	10

Bemerkung: In allen Proben war Ni, Ga, Tl und As nicht nachweisbar.

---

[1] Die spektrochemischen Zinkblendeanalysen Nr. 1 bis 6 sind einer noch unveröffentlichten Arbeit über die Verteilung von Spurengehalten in Zinkblenden ostalpiner Lagerstätten entnommen. (Vgl. auch *E. Schroll*, Anzeiger d. math.-naturw. Kl. d. Öst. Akad. d. Wiss., Nr. 2, S. 21—25, 1950.)

[2] Wahrscheinlich Bleiglanzbeimengung.

Ein höherer Kobaltgehalt ist hingegen bei den hochtemperierten Zinkblenden zu finden. Nach dem Kobalt- und Indiumgehalt wären die Zinkblenden unseres Gebietes zu den hochthermalen Bildungen zu stellen, während die comagmatischen Blenden von der Axelalpe niedriger temperiert sind, was auch mit der Auffassung von *W. Petrascheck* (53) übereinstimmt.

3. Gehalte von *Spurenelementen* in *Bleiglanzen* (Tab. 5).

Die Bleiglanze unseres Gebietes zeichnen sich durch hohe Silbergehalte und ganz besonders hohe Wismutgehalte aus. Letztere sind hier höher als bei anderen ostalpinen Bleiglanzen (z. B. Schellgaden), welche von *E. Schroll* (96) auf Spurenelemente spektralanalytisch untersucht wurden. Mit Ausnahme eines höheren Antimongehaltes im Bleiglanz von der Goldzeche, der noch aufzuklären wäre, liegen die Antimonwerte in unseren Bleiglanzen niedriger als bei den anderen ostalpinen Vorkommen, z. B. Tösens, Schladming, auch Axelalpe. Thallium und Zinn ist in Spuren teilweise auch in anderen ostalpinen Bleiglanzen vorhanden und daher nicht eigentümlich für unser Gebiet. Der Zinngehalt ist in Übereinstimmung mit der Zinnarmut ostalpiner Lagerstätten sehr niedrig. Interessant ist der Tellurgehalt des einen Bleiglanzes vom Radhausberg, Probe Nr. 3. Von *W. Siegel* (diese Festschrift) wurde ein Tellurgehalt im

Tab. 5. S p u r e n e l e m e n t e (Ag, As, Sb, Bi, Tl, Sn) i n B l e i g l a n z e n a u s d e n T a u e r n g o l d g ä n g e n [1].

Nr.	Fundort	Ag	As	Sb	Bi	Tl	Sn
		Gramm pro Tonne					
1	Hotel Europe	5.000	—	—	10.000	10	10
2	Radhausberg	10.000	3 000[2]	—	10.000	10	—
3	Radhausberg, Unterbaustollen	1.000	—	50	3.000	—	—
4	Siglitz, Naßfeld	10.000	—	100	10.000	10	10
5	Hoher Goldberg	10.000	—	500	1.000	—	—
6	Goldzeche	3.000	—	5.000	3.000	5	—

Bemerkung: Probe Nr. 3 zeigte auch einen geringeren Gehalt an Te ($\sim$ 0,01%).

---

[1] Die Proben Nr. 1, 3 bis 6 sind in einem vorläufigen Bericht über geochemische Untersuchungen an ostalpinen Bleiglanzen mitgeteilt worden. (*E. Schroll,* Anz. d. Akad. d. Wissensch. Wien, Math. nat. Kl. 1951, p. 6.

[2] Der hohe As-Gehalt rührt wohl von beigemengtem FeAsS her, worauf ein entsprechender Gehalt an Fe deutet.

Glaserz aus den oberen Teilen des Radhausberges in Form von Tetradymit festgestellt. Auch im Wismutglanz vom Seekopf (siehe die vorstehende Tab. 5) wurde Tellur spektralanalytisch nachgewiesen. Es ist durchaus möglich, daß Silber, Antimon, Wismut und Tellur, vielleicht auch Thallium zum Teil in mikroskopischen oder submikroskopischen Beimengungen der Bleiglanze enthalten sind. Wesentlich ist für die geochemische Charakterisierung die ganze Mikroparagenese der Spurenelemente, welche auch den Erz- und Mineralparagenesen entspricht. Es wäre wünschenswert, daß weitere Forschungen auf diesem Gebiet die genetische Verknüpfung der ostalpinen Erzvorkommen mit bestimmten Gesteinskomplexen im Zusammenhang mit dem geologischen Alter und der Entstehungstemperatur aufhellen werden. Ansätze in dieser Richtung liegen bereits in den Arbeiten von *E. Schroll* (97) vor.

Tab. 6. Spurengehalte in einigen Erzen und Mineralien von Badgastein und Umgebung.

		Co %	Ni %	Sn %	
Kupferkies	Hotel Austria	—	0·03	0·005	
	Ritterkar	—	0·01	—	
Arsenkies	Naßfeld	0·1—0·5	<0·01	—	
		Sb %	As %	Te %	Pb %
Wismutglanz	Seekopf	0·1—0·5	0·01	0·05—0·1	0·5—1·0
		Mn %	Sn %	Cr %	V %
Rutil	Baukarlriegel	0·1—1·0	0·01	0·1	0·01—0·1

Schlußwort.

Wir sind uns dessen wohl bewußt, daß im Rahmen dieser Arbeit viele Fragen, wie z. B. die Kluftmineralbildung in den Hohen Tauern überhaupt, nicht restlos beantwortet werden konnten. Hiefür wären nämlich noch viel umfangreichere Feldbeobachtungen, noch reichlichere Aufsammlung von Gesteins- und Mineralproben, Durchführung von zahlreichen chemischen, optischen und spektrographischen Analysen usw. erforderlich, wofür aber weder die materielle Grundlage für solche zeitraubende Arbeiten im Gelände noch die erforderliche Einrichtung in den zur Verfügung stehenden Instituten vorhanden war. Aus diesem Grunde mußte auch die Hilfe anderer, sogar ausländischer Institute in Anspruch genommen werden. Es wird sicherlich noch jahrelange systematische Arbeit erfordern, um gewisse Probleme einer befriedigenden Klärung zuzuführen. Wir werden bestrebt sein, im Rahmen der uns zur Verfügung stehenden Möglichkeiten an diesen Aufgaben weiterzuarbeiten. Der vorliegende Beitrag möge daher nur als Anfang gewertet werden.

Literatur.

1 a. *Köchel, L. v.*, Die Mineralien des Herzogthumes Salzburg, Wien 1859. — 1 b. *Fugger, E.*, Die Mineralien des Herzogthumes Salzburg. Salzburg, 1878. — 1 c. *Posepny, F.*, Archiv für prakt. Geologie. I. Wien, 1880. — 2 a. *Canaval, R.*, Z. f. prakt. Geol. 1911, 19, 1. — 2 b. *Michel, H.*, Tsch. Min. u. Petr. Mitt. 1925, 38, 571. — 2 c. *Tornquist, A.*, Sitz.-Ber. Akad. Wissensch. Wien. Math. nat. Kl. I. 1933, 142 41. — 2 d. *Kieslinger, A.*, Leobner Bergmannstag, Wien, 1937, S. 186. — 2 e. *Stier, K.*, 20. Bericht der Freiberger Geol. Ges. 1944, 60. — 3 a. *Reissacher, K.*, Geschichte der Gasteiner Heilquellen (1865). Neudruck, Badgastein, 1940. — 3 b. *Reissacher, K.*, Mitteilungen der Ges. für Salzburger Landeskunde, II. 1862, 95. — 3 c. *Windisch-bauer, A.*, Die natürlichen Heilkräfte von Badgastein, Wien, 1948. — 3 d. *Kirsch, G.*, Badgasteiner Badeblatt, 1939, Nr. 16, 17, 18. — 3 e. *Kirsch, G.*, Der Balneologe. 1939, 6, 437. — 3 f. *Haberlandt, H.*, Badgasteiner Badeblatt, 1948, Nr. 33, 2. — 4 a. *Weber, A.*, Akademischer Anzeiger Wien, Math. nat. Kl. 1935, Nr. 26. — 4 b. *Dittler, E.*, und *E. Abrahamczik*, Zentralbl. f. Mineral. A. 1938, S. 201. — 4 c. *Koritnig, S.*, Zentralbl. f. Mineral. A. 1939, 167. Vgl. auch: *Reissacher, K.*, Jahrb. d. Geol. R. Anst. 1856, 7, 609. — 5. *Köhler, A.*, Tsch. Min. u. Petr. Mitt. 1922, 35, 245. — 6. *Exner, Chr.*, Anz. d. Akad. d. Wissensch. Math. nat. Kl. 1946, Nr. 9. — 7 a. *Exner, Chr.*, Anz. d. Akad. d. Wissensch. Math. nat. Kl. 1949, Nr. 13. — 7 b. *Derselbe*, Tsch. Min. u. Petr. Mitt. 1950, 1, 197. Siehe auch: Mitt. d. Öster. Mineralog. Ges. 1948/49, Nr. 111; Tsch. Min. u. Petr. Mitt. 1949, 2, 129. — 8. *Becke, F.*, und *V. Uhlig*, Sitz.-Ber. Akad. d. Wissensch. Wien, I. 1906, 115, 1695. — 9. *Gallagher, D.*, Economic Geol. USA., 1940, 35, 698. — 10. *Sullivan, C. J.*, Economic Geol. USA., 1949, 44, 336. Vgl. auch: *Edwards, A. B.*, and *A. J. Gaskin*, Econom. Geol. USA. 1949, 44, 234. — 11. *Exner, Chr.* Berg- u. Hüttenm. Monatsh. 1950, 95, 92, 115. — 12. *Becke, F.*, Schrift. d. Ver. z. Verbr. naturw. Kenntnisse, 1909, 49, 265. — 13. *Exner, Chr.*, Sitz.-Ber. d. Akad. d. Wissensch. Wien. I, 1949, 158, 375. — 14. *Becke, Fr.*, Tsch. Min. u. Petr. Mitt. 1923, 36, 25. — 15. *Becke, Fr.*, Mitt. d. Wiener Mineralog. Ges. vom 6. IV. 1908, Nr. 40, 29; Tsch. Min. u. Petr. Mitt. 27, H. 4. — 16. *Drescher-Kaden, F. K.*, Chem. d. Erde, 1940, 12, 304. Vgl. auch *Erdmannsdörfer, H.*, Centralblatt f. Min. A. 1941, Nr. 3. — 17. *Goldschmidt, V. M.*, Vidensk. Selkapet. Skrift. Math. nat. Kl. Oslo, 1921, Nr. 10. — 18. *Lapadu-Hargues, P.*, Bull. Soc. géol. Franc. 1945, 15, 255. — 19. *Bederke, E.*, Geolog. Rundschau. 1935, 26, 108. — 20. *Meixner, H.*, Z. f. ang. Mineral. 1938, 1, 134. — 21. *Becke, Fr.*, Akadem. Anz. Akad. d. Wissensch. Wien, Math. nat. Kl. 1904, Nr. 19. — 22. *Berwerth, Fr.*, Anz. d. Akad. d. Wissensch. Wien. Math. nat. Kl. 1903, Nr. 16; 1904, Nr. 21; 1905, Nr. 26. — 23. *Scheminzky, F.*, Badgasteiner Badeblatt. 1950, Nr. 42—45. — 24. *Haberlandt, H.*, *Fr. Hernegger* und *F. Scheminzky*, Spectrochimica Acta 1950, 4, 21. — 25. *Nováček, R.*, und *V. Steinocher*, American Mineralog. 1939, 24, 324. — 26. *Schoep, A.*, und *A. Scholz*, Bull. Soc. Belg. Géol. 1931, 41, 71. — 27. *Hirschi, H.*, Schweiz. Mineral. u. Petr. Mitt. 1925, 5, 429. — 28. *Hirschi, H.*, Schweiz. Mineral. u. Petr. Mitt. 1924, 4. — 29. *Nováček, R.*, American Mineralog. 1939, 24, 317. — 30. *Jaffe, H. W.*, *A. M.*, *Sherwood* und *M. J. Peterson*, American Mineralog. 1948, 33, 152. — 31. *Ballczo, H.*, Z. f. phys. Therapie. 1942, 2, 136. — 32. *Nováček, R.*, Věstnik Král. čes. spol. nauk. II. tř. 1935, II. 1. Prag (1936). — 33. *Meixner, H.*, Berg- u. Hüttenmänn. Jb. 1937, 85, 1. — 34. *Schiener, A.*, Tsch. Min. u. Petr. Mitt. 1950, 2, 143; Mitt. d. Öst. Mineralog. Ges. 1949, Nr. 111. — 35. *Exner, Chr.* Der Karinthin. 1949, 6, 107 (Klagenfurt). — 36. *Kontrus, K.*, Tsch. Min. u. Petr. Mitt. 1950, 2, 142; Mitt. d. Öst. Mineral. Ges. 1949, Nr. 111. — 37. *Zimburg, H.*, Badgasteiner Badeblatt. 1948, Nr. 4, 15. — 38. *Niggli, P.*, *J. Königsberger*, *R. L. Parker*, Die Mineralien der Schweizer Alpen.

Basel, 1940. — 39. *Huber, H.,* Schweiz. Mineral. u. Petr. Mitt. 1943, *23,* 475. —
40. *Königsberger, J.:* Schweiz. Mineral. u. Petr. Mitt. 1942, *22,* 85. Vgl. dazu auch:
Casasopra, S., Schweiz. Mineral. u. Petr. Mitt. 1939, *19,* 449. — 41 a. *Leitmeier, H.,*
Tsch. Min. u. Petr. Mitt. 1950, 3. F., 1, 390. — 41 b. Vgl. dazu auch: *Derselbe* in
Tsch. Min. u. Petr. Mitt. 1942, *53,* 271. — 42. *Clar, E.,* Verhandl. Geol. Bund. Anst.
Wien, 1945, Nr. 1, 29. — 43. *Cornelius, H. P.,* Mineral. u. Petr. Mitt. 1942, *54,* 178;
Mitt. d. Wiener Mineral. Ges. 1942, Nr. 108. — 44. *Haberlandt, H.,* Sitz.-Ber. d. Akad.
d. Wissensch. Mien. Math. nat. Kl. I. 1949, 158, 609. Siehe dazu auch: *Wild, G.,* Sitz.-
Ber. d. Akad. d. Wissensch. Wien. Math. nat. Kl. II a, 1937, 146, 479. Ferner:
Merkader, S., Sitz.-Ber. d. Akad. d. Wiss. Wien. Math. nat. Kl. II a, 1940, 149, 349.
— 45. *Haberlandt, H.,* Chemie d. Erde. 1941, 14. 107. — 46. *Parker, R. L.,* Schweiz.
Mineral. u. Petr. Mitt. 1950, *30,* 192. — 47. *Huber, W.,* Schweiz. Mineral. u. Petr.
Mitt. 1946, *26,* 79. Siehe dazu auch: *Zirkl, E.,* Tsch. Min. u. Petr. Mitt. 1950, Bd. 2,
38. — 48. *Parker, R. L., D. d. Quervain* und *F. Weber, Schweiz.* Mineral. u. Petr.
Mitt. 1939, *19,* 293. — 49. *Weinschenk, E.,* Z. f. Krist. 1896, *26,* 337. — 50. *Sahama,
Th. G.,* Bull. Comm. Géol. Finnlande, 1945, Nr. 135. — 51. *Weinschenk, E.,* Petro-
graphisches Vademecum. Freiburg im Breisgau, 1913, S. 113. — 52. *Scholz, A.,*
Fortschr. d. Miner. 1948 (1950), 27, 56. — 53. *Petraschek, W.,* Jahrb. d. Geol. Bund.
Anst. 1945, 129. — 54. *Bearth, P.,* Schweiz. Mineral. u. Petr. Mitt. 1948, 28, 140. —
55. *Köhler, A.,* Universum, Wien, 1948/49, H. 3, 45. — 56. *Mache, H.,* und *M. Bamberger,* Sitz.-Ber. Akad. d. Wissensch. Wien, Math. nat. Kl. II a, 1914, *123,* 325. —
57. Picciotto, E. E., Bull. d. Centre d. Phys. Nucl. Universite Bruxelles. Mars 1950,
Note Nr. 16. — 58. *Larsen, E. S.,* and *N. B. Keevil,* American Journ. o. Scienc. 1942,
240, 204. — 59. *Weigel, O.,* Zirkone von Ceylon. Leipzig, 1938. — 60. *Hutton, C. O.,*
American Journ. of Scienc. 1947, *245,* 154. — 61. *Coppens, R.,* Compt. Rend. 1949,
228, 1218. — 62. *Schwinner, R.,* Berg- und Hüttenm. Monatsh. 1949, 94, 135. —
63. *Hirschi, H.,* Schweiz. Mineral. u. Petr. Mitt. 1938, *18,* 12. — 64. *Hirschi, H.,*
Schweiz. Mineral. u. Petr. Mitt. 1924, *4,* 81; 1925, *5,* 173; 1927, *7,* 98. — 65. *Weber, A.,*
Sitz.-Ber. Akad. d. Wiss. Wien. Math. nat. Kl. II a, 1936, *145,* 163. — 66. *Hirschi, H.,*
Schweiz. Mineral. u. Petr. Mitt. 1928, *8,* 318. — 67. *Hirschi, H.,* Schweiz. Mineral. u.
Petr. Mitt. 1948, *28,* 509. — 68. *Stille, H.,* Abh. preuß. Akad. Wiss. Math. nat. Kl.
1939, 19. Berlin, 1940. Siehe dazu auch: *Cornelius, H. P.,* Sitz.-Ber. Akad. d. Wiss.
Wien. Math. nat. Kl. 1949, 158, 543. — 69. *Wahl, W.,* Geol. Rdsch. 1943, *34,* 209. —
70. *Cornelius, H. P.,* Zentralbl. f. Mineral. A. 1928, 281. — 71. *Staub, R.,* Schweiz.
Mineral. u. Petr. Mitt. 1924, 4, 364. — 72. *Fagnani, G.,* Atti della Soc. Ital. Scienc.
Nat. Milano, 1945, *84.* — 73. *Grabherr, W.,* Badgasteiner Badeblatt. 1949, Nr. 3. —
74. *Scheminzky, F.,* und *Rüling,* Diese Festschrift (Tsch. Min. u. Petr. Mitt. 1951, 2).
— 75. *Stockmayer, S.,* Die Biologie der Mineralquellen. Öst. Bäderbuch, 1928, S. 90.
— 76. *Ballczo, H.,* Z. f. phys. Therapie, 1950, *3,* 12. — 77. *Strock, L. W.,* Saratoga
(Spring) Spa. 1944, Nr. 14, New York. — 78. Siehe die zusammenfassende Arbeit:
Haberlandt, H., Monatshefte f. Chem. 1946, 77, 293. — 79. *Ahrens, L. H.,* und *W. R.,
Liebenberg,* Americ. Mineralog. 1950, *35,* 571. — 80. *Ottemann, J.,* Z. ang. Mineral.
1941, *3,* 142. — 81. *Fresenius, L.,* und *R. Fresenius,* Jb. Nass. Ver. Naturk. 1936, *83,*
27. — 82. *Rezek. A.,* und *K. Tomic.,* Der Balneologe. 1942, *9,* 9. — 83. *Haberlandt, H.,*
Forschungen u. Fortschr. 1944, *20,* 154. —84. *Ludwig, E.* und *Th. Panzer,* Tsch.
Min. u. Petr. Mitt. 1900, *19,* 470. — 85. *Bisanz, R.,* und *E. Kroupa,* Chem. Ztg. 1939,
63, 689. — 86. *Fellenberg, Th. v.,* Mitt. aus d. Gebiet d. Lebensmittelunters. Eidg.
Ges.-Amt, Bern, 1948, *39,* 124. — 87. *Abrahamczik, E.,* Mikrochim. Acta (Mikrochemie)
1938, 25, 228. — 88. *Miholic, St.,* Economic Geolog. 1947, *62,* 713. — 89. *Miholic, St.,*
Chemie d. Erde. 1933, *8,* 440. — 90. *Mache, H.,* Mitt. d. Alp. Geol. Ver. 1941, *34,* 69.
— 91. *Tornquist, A.,* Mitt. d. Geol. Ges. Wien, 1928, 21. — 92. *Hegemann, Fr.,*

Z. f. ang. Min. 1943, 4, 121. — 93. *Schroll, E.*, Anz. d. Öst. Akad. d. Wiss. Wien, 1950, Nr. 2, Math. nat. Kl. — 94. *Propenko, N. M.*, und Mitarbeiter, C. R. (Doklady) Aca. Sci. USSR. 1941, *31*, 16, 19, 22. Ferner: Bull. Akad. Sci. USSR. Ser. geol. 1938, Nr. 2, 335, 341. — 95. Siehe die Zusammenstellung bei *Haberlandt, H.*, Tsch. Min. u. petr. Mitt. 1949, 1. H. 2, 134. — 96. *Schroll, E.*, Anz. d. Öst. Akad. d. Wissensch. Wien. Math. nat. Kl. 1951.

Aus dem Forschungsinstitut Gastein (Mitteilung Nr. 59).

Mikroklinporphyroblasten
mit helizitischen Einschlußzügen bei Badgastein.

Beiträge zur Kenntnis der Zentralgneisfazies.
V. Teil.

Von

Christof Exner.

Mit 8 Textabbildungen.

(Eingelangt am 8. März 1950.)

In geringmächtigen Glimmerschiefer- und Kalkmarmorlagen in granitischem Gneis der Hohen Tauern bei Badgastein gibt es 3 cm große Mikroklinporphyroblasten mit helizitischen Einschlußzügen. Mikroklin mit helizitischen Einschlußzügen dürfte aus den Alpen bisher noch nicht bekannt gewesen sein. Die Gasteiner Mikroklinporphyroblasten mit helizitischen Einschlußzügen sind während der alpidischen Orogenese (Tauernkristallisation) gewachsen.

Zum Vergleich wird ein Augengneis untersucht (Riesenaugengneis im Radhausberg-Unterbaustollen bei Badgastein), der in unmittelbarem geologischem Verbande jene Glimmerschiefereinlagerung mit den helizitischen Mikroklinporphyroblasten enthält. Der Riesenaugengneis ist ein Blastomylonit, parakristallin bezüglich Kalinatronfeldspat deformiert. Ältere und jüngere Ausbildungsformen von Kalinatronfeldspat sind im Riesenaugengneis unterscheidbar. Die jüngeren sind den eingangs genannten Mikroklinporphyroblasten mit helizitischen Einschlußzügen sehr ähnlich.

Im Gneisgebiet der Hohen Tauern bei Badgastein fand ich Mikroklinporphyroblasten mit helizitischen Einschlußzügen. Es handelt sich um Analoga zu den bekannten Albitporphyroblasten mit helizitischen Einschlußzügen. Die Funde wurden anläßlich der petrographischen Untersuchung der Stollenstrecken des Gasteiner Goldbergbaues gemacht. Die zwei besten Fundstellen sind bei den derzeitigen Verhältnissen in den Stollen leicht wiederzufinden. Die eine Lokalität befindet sich im Radhausberg-Unterbaustollen, Stollenmeter 1785, und die andere im Siglitz-Unterbaustollen zwischen Stollenmeter 3190 und 3200, sowohl am nördlichen als auch am südlichen Stollenulm. Die Mikroklinporphyroblasten mit helizitischen Einschlußzügen dieser beiden Fundstellen seien zunächst beschrieben:

8*

Radhausberg-Unterbaustollen, Meter 1785.

Bei Meter 1785 befindet sich im Riesenaugengneis eine 0,5 m mächtige Biotit-Muskowitschieferlage mit 2,2 mm großen Mikroklinporphyroblasten mit helizitischen Einschlußzügen (Abb. 1 und 2).

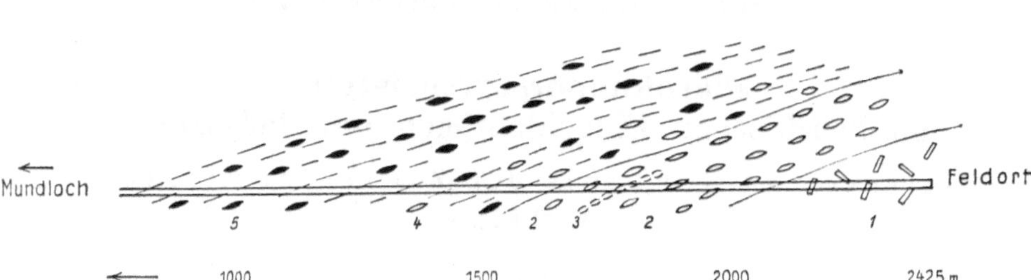

Abb. 1. Teilskizze aus dem Radhausberg-Unterbaustollen. Erklärung der Signaturen: 1 Flasriger porphyrischer granitischer Gneis; 2 Riesenaugengneis; 3 Biotit-Muskowitschieferlage, Mikroklinporphyroblasten mit helizitischen Einschlußzügen führend; 4 Glimmerschiefer und Zweifeldspatgneis der Woiskenmulde; 5 Glimmerschiefer und Schachbrettalbitaugengneis der Woiskenmulde.

Mineralbestand und volumetrische Zusammensetzung des Biotit-Muskowitschiefers: Quarz 60—40; Muskowit 30—20; Mikroklin 15—5; Biotit 9—0; Chlorit 8—1; Titanit 1·0—0·1; Apatit 0·5—0·1 Vol.%. Dazu Pyrit und Orthit. Mit Ausnahme seltener, schwach postkristalliner Verbiegungen des Muskowits wurde die Deformation von der Kristallisation sämtlicher Gemengteile überdauert. Die Ausbildung der Gemengteile ist folgende: Orthit (0·1 mm [1]) im Zentrum radioaktiver Höfe in Biotit. Pyrit (0·7 mm) gelängt in s. Apatitsäulchen (0·2 mm) zeigen Tendenz zu Automorphie. Biotit (1·5 mm): γ = hellbraun, α = hellgelb; auch Querbiotit kommt vor. Chlorit (1 mm) ist Pennin, sekundär aus Biotit entstanden unter Ausscheidung von Titanit und Erz. Titanit (0·5 mm) ist idiomorph und xenomorph entwickelt. Muskowit (2 mm) bildet Scheiterzüge, parallel verwachsen mit Biotit und Chlorit; auch Quermuskowit ist vorhanden. Quarz (2 mm) ist einschlußfrei und löscht meist glatt aus.

Der Biotit-Muskowitschiefer ist wahrscheinlich ein Gneisphyllonit (sekundär aus dem benachbarten Riesenaugengneis an einem Bewegungshorizont besonders begünstigter differentieller Gesteinsdurchbewegung entstanden). Jedenfalls ist aber zu sehen, daß der Riesenaugengneis allmählich und ohne Hiatus in den Biotit-Muskowitschiefer übergeht. Mit Annäherung an den Biotit-Muskowitschiefer treten die großen Kalinatronfeldspate des Riesenaugengneises ohne Anzeichen besonderer Zerbrechungserscheinungen (ruptureller Deformation) schrittweise zurück, indem sie kleiner und seltener werden.

Der Mikroklin im Biotit-Muskowitschiefer besitzt folgende Ausbildung: Stets xenomorph. Häufig in s gelängte, aber auch rundliche Umrißformen. Perthit- und Zwillingsbildung fehlen vollkommen.

---

[1] Hier wie im folgenden sind stets die maximal im betreffenden Gestein beobachteten Korndurchmesser zahlenmäßig angegeben.

Mikroklingitterung ist meist deutlich wahrnehmbar. Der Achsenwinkel 2 Vα beträgt 70 bis 76°. Es handelt sich also um den Typus: Knaf. II im Sinne der anstrebenswerten Typisierung der verschiedenen Ausbildungsformen von Kalinatronfeldspat als gesteinsbildender Gemengteil (L. 20, Seite 242 [1]). Am Aufbau der helizitischen Einschlußzüge im Mikroklin sind folgende Minerale beteiligt: Quarz, Muskowit, Biotit, Chlorit und Titanit. Größe, Form und Ausbildung dieser helizitischen Einschlußminerale unterscheiden sich nicht von derjenigen des nachbarlichen Grundgewebes. Die helizitischen Einschlußzüge durchziehen den betreffenden Mikroklinporphyroblasten in den meisten Fällen als unverlegtes si *(B. Sander):* Geradlinige helizitische Einschlußzüge ohne parakristalline Rotation des Mikroklinporphyroblasten. In einigen Mikroklinkörnern ist analog zu den bekannten Erscheinungen in Albit (L. 36) verlegtes si in modellförmiger Ausbildung vorhanden mit schwach sigmoidaler Krümmung der helizitischen Einschlußzüge, entsprechend parakristalliner Rotation des Mikroklinporphyroblasten (Abbildung 2). Meist ist der kontinuierliche Zusammenhang zwischen den helizitischen Einschlußzügen (internes Reliktgefüge) und dem Parallel-

Abb. 2. Mikroklinporphyroblast mit helizitischen Einschlußzügen von Quarz, Muskowit, Biotit, Chlorit und Titanit. Internreliktgefüge gegenüber Externgefüge verlagert. Aus Biotit-Muskowitschieferlage im Riesenaugengneis. Radhausberg-Unterbaustollen Meter 1785. Vergr. 20 mal. Licht einfach polarisiert.

gefüge des Gesteinsgrundgewebes (Externgefüge) gut erhalten. Der Gesamtkörper der betreffenden Mikroklinkristalle einschließlich ihrer zentralen Teile wird von den helizitischen Einschlußzügen durchzogen.

Siglitz-Unterbaustollen, Meter 3190 bis 3200.

Der wahrscheinlich jurassische Kalkmarmor (Angertalmarmor), der zwischen dem Gneis der Siglitzdecke und Durchgangalmdecke liegt (Profilskizze und Beschreibung siehe L. 21, Seite 399 bis 407), führt Mikroklinporphyroblasten mit helizitischen Einschlußzügen. Hier sind die helizitischen Einschlüsse auch makroskopisch erkenn-

---

[1] Siehe Literaturverzeichnis.

bar, da einzelne Mikroklinindividuen 3 cm Länge erreichen, ohne das
Gewebe des Grundgesteines (glimmerreicher Kalkmarmor) zu zer-
stören. Ohne Unterbrechung ziehen die Glimmerzüge aus dem Gesteinsgrundgewebe durch die Kristallkörper der Mikrokline und Albite.
Hier handelt es sich ganz überwiegend um unverlegtes si. Die Einschlußzüge sind besonders reichlich und modellförmig klar ausgebildet. Abb. 3 ist ein Beispiel.

Während die in L. 21, Seite 401 beschriebenen Proben dem nördlichen Stollenulm entstammen, wurden nachträglich auf einer gemeinsamen Exkursion (L. 22)

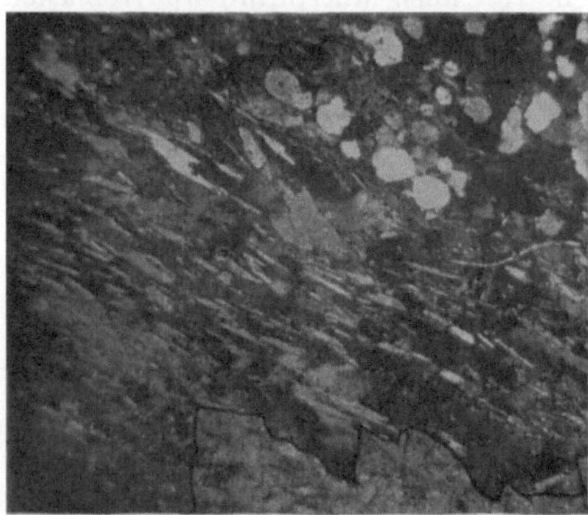

besonders groß entwickelte Mikroklinporphyroblasten mit sehr
markanten helizitischen Glim-
mereinschlußzügen am südlichen Stollenulm von den Herren Kollegen Dr. *E. J. Zirkl*
und Dr. *G. Frasl* gefunden.
Ihrer Aufsammlung entstammt
auch der 1 cm lange Mikroklinporphyroblast, von dem ein
Teilbereich in Abb. 3 festgehalten ist.

Dieser Mikroklin ist
perthitfrei und zeigt deutliche Mikroklingitterung.
Das unverlegte interne Reliktgefüge wird aus gera-
den Einschlußzügen von
Muskowit und Biotit (teilweise in Chlorit umgewan-
delt) aufgebaut. Rechts
oben in Abb. 3 sind rund-

Abb. 3. Teilbereich eines 1 cm großen Mikroklinporphyroblasten mit helizitischen Einschlußzügen von Muskowit,
Biotit und Chlorit. Internreliktgefüge gegenüber Externgefüge
nicht verlagert. Aus gefeldspatetem glimmerreichen Kalkmarmor (jurassischer Angertalmarmor). Siglitz-Unterbaustollen Meter 3200. Vergr. 20mal. Nicols gekreuzt.

liche Quarzkörner im selben Mikroklingroßkorn eingelagert. Außerdem finden sich als Einschlüsse in diesem Mikroklin: Kalkspat,
Titanit und Apatit.

Rechts unten in Abb. 3 grenzt Albit (Typus Plag. II und Plag. I)
an den Mikroklin. An anderen Stellen desselben Dünnschliffes ziehen
die helizitischen Glimmerzüge aus dem Mikroklin ohne Störung in den
angrenzenden Albit weiter. Wo die Feldspate (Mikroklin und Albit) an
Kalkspat angrenzen, sind sie idiomorph gegenüber Kalkspat ausgebildet (Abb. 4).

Allgemeine Bemerkungen zu den Funden von Mikroklinporphyro-
blasten mit helizitischen Einschlußzügen.

In regionalmetamorphen Gebieten werden bekanntlich Albit,
Oligoklas, Granat, Biotit, Chloritoid, Chlorit, Muskowit, Hornblende,

Staurolith, Andalusit und Cordierit als Porphyroblasten mit helizitischem Einschlußgefüge beobachtet. Kalifeldspat (bzw. Kalinatronfeldspat) dürfte ganz allgemein helizitische Einschlußzüge bedeutend seltener führen als Albit. Weil die Erscheinung der helizitischen Einschlußzüge z. B. in den Hohen Tauern in Feldspaten bisher nur in Albit bekannt war, wurde lange Zeit für den Kalifeldspat andere geologische Bildungsbedingung (z. B. Kristallisation aus dem Magma) angenommen. Albitisation und Kalifeldspatisation suchte man häufig recht scharf zu trennen. Im Stavangergebiet im kaledonischen Gebirge Norwegens beschrieb bekanntlich *V. M. Goldschmidt* 1921 auf Grund geologischer Beobachtungen und chemischer Analysen die Zusammengehörigkeit von Albitisation und Kalifeldspatisation während eines gemeinsamen Aktes der „Injektionsmetamorphose". Da *Goldschmidt* keine reliktischen Einschlußgefüge (helizitische Strukturen oder ähnliches) in seinen „Mikroklinporphyroblasten" exakt nachwies, war die kritische Einstellung von *F. Becke* 1925 noch berechtigt, welcher in Anbetracht seiner eigenen Erfahrungen in den Hohen Tauern und im Stavangergebiet den Ausspruch tat: „Die Frage, ob auch Kalifeldspate im Nebengestein porphyroblastisch heranwachsen, halte ich noch nicht

Abb. 4. Mikroklin (links und oben) und Albit (rhombenförmig, mit breit ausgebildeten aufrechten Prismen und sehr kurzer P-Fläche; Schnitt ist 26° gegen M geneigt; 8 % Anorthitgehalt; Achsenwinkel 2 V γ = 89°). Beide Feldspate idiomorph gegenüber Kalkspat (lamelliert). Aus gefeldspatetem Kalkmarmor (jurassischer Angertalmarmor). Siglitz - Unterbaustollen Meter 3193. Vergr. 60 mal. Einfaches Licht.

für spruchreif" (L. 5). Die oben angeführten Funde haben diesen Zweifel nun behoben. Man würde jedoch das Kind mit dem Bade ausgießen, wollte man nun zu sehr verallgemeinern und unter Außerachtlassung der *Becke*schen Gesichtspunkte eine einfache „Injektionsmetamorphose" ohne Anerkennung alter vormesozoischer Granit- und Gneismassive in den Tauern konstruieren. Es werden deshalb noch eingehende Untersuchungen notwendig sein, um „alte" (vormesozoische) Kalinatronfeldspate von den „jungen" (alpidischen, Tauernkristallisation) Kalinatronfeldspaten zu sondern.

Mikroklinporphyroblasten mit helizitischen Einschlußzügen beschrieb *A. Hietanen* 1941 aus dem Appalachengebiet. Die sorgfältige

Beschreibung der Autorin zeigt, daß meine Gasteiner Funde diesen Mikroklinporphyroblasten des Appalachengebietes entsprechen. In beiden Fällen handelt es sich um Mikroklinkörner, deren Gesamtkörper von den helizitischen Einschlußzügen durchzogen wird. In beiden Fällen ist es eindeutig, daß es sich um echte helizitische Einschlußzüge („trails" in der englischen und „trends" in der amerikanischen Literatur), also um internes Reliktgefüge handelt. Die Genese dieser Mikroklinporphyroblasten entspricht vollkommen der Genese der bekannten und weit verbreiteten Albitporphyroblasten mit helizitischen Einschlußzügen. Tatsächlich kommen ja im Siglitz-Unterbaustollen beide im selben Gestein (gefeldspateter Kalkmarmor) unmittelbar nebeneinander vor. Bezüglich der beiden oben beschriebenen Gasteiner Funde von helizitischen Mikroklinporphyroblasten handelt es sich eindeutig um Kristallisation des gesamten betreffenden Mikroklinkornes während der alpidischen Orogenese (Tauernkristallisation). Das ist strukturell durch die homotaktische Durchbewegung von mesozoischer Schieferhülle und den helizitischen Einschlußzügen im Porphyroblasten ersichtlich und stratigraphisch durch das wahrscheinlich jurassische Alter des Angertalmarmors gegeben.

Durch die beiden oben beschriebenen Funde bei Badgastein ist *somit erwiesen, daß bei der alpidischen Orogenese (Tauernkristallisation) Holoblasten von Mikroklin im Nebengestein des granitischen Gneises gesproßt sind.*

Historische Daten: Der Ausdruck „helizitische Struktur" geht terminologisch und begrifflich auf *E. Weinschenks* Beobachtungen der Einschlußzüge in Albitporphyroblasten der Hohen Tauern (Großvenedigergebiet) zurück. Die Regionalmetamorphose der Hohen Tauern während der alpidischen Orogenese (Tauernkristallisation) hat ungemein reichlich Albitporphyroblasten, in denen die präexistierende Grundgewebssubstanz reliktisch in Form helizitischer Einschlußzüge konserviert ist, hervorgebracht. Viele Untersuchungen und genaue Beschreibungen solcher Albitporphyroblasten mit helizitischen Einschlußzügen, vor allem auf den grundlegenden Beobachtungen von *B. Sander* beruhend, liegen aus den Hohen Tauern vor; z. B. aus Albitporphyroblastenschiefern, albitführenden Kalkglimmerschiefern, Grünschiefern, Quarziten, Paragneisen, granitischen Gneisen usf.

Schon *P. Termier*, 1903, erkannte die überragende Bedeutung junger (seiner Meinung nach während des mesozoischen Geosynklinalstadiums sich vollziehender) Alkalimobilisation (colonnes filtrantes) im Pennin der Westalpen. Von Bonneval im Maurienne erwähnt *P. Termier* mesozoische Kalke, welche durch die Metamorphose und die Stoffzirkulation (colonnes filtrantes) zu Kalkmarmoren umgewandelt und feldspatisiert sind. *Termiers* Beobachtungen bezüglich der vom Briançonnais gegen Osten fortschreitenden Zunahme der Metamorphose und Alkalimobilisation (Aplitisation, Gneisifikation) haben in den tieferen Stockwerken der Hohen Tauern ihr Analogon. Der Kalinatronfeldspat als einer der wichtigsten gesteinsbildenden Gemengteile wurde zu Unrecht eine Zeitlang als „typomorpher Gemengteil der unteren Tiefenstufe" gebrandmarkt und die colonnes filtrantes *Termiers* gerieten in Vergessenheit, da nur der Albit mit helizitischen Einschlußzügen exakt als alpidischer Porphyroblast nachgewiesen war. Es hat jedoch bereits *F. Angel* 1937 in der Hochalm-Ankogelgruppe granitische Augengneise und porphyrische Gneisgranite beschrieben, deren Kalifeldspate randlich in das umgebende Gesteinsgrundgewebe vorgreifen und Teile dieses benachbarten Grundgewebes einschließen. Herr Professor Dr. *F. Angel* unterrichtete mich 1936 in der Beobachtung dieser Erscheinung. Auch *S. Prey*, 1937, beobachtete randliches Regenerationsvermögen von Mikroklin in granitischem Augengneis der Rote-Wand-Modereckdecke und *H. P. Cornelius*, 1939, beschrieb aus der Glocknergruppe in (? Trias-) Quarzit der Riffldecke ein klastisches Mikroklinkorn mit neugebildetem Randsaum.

Endo- und metablastische Kalinatronfeldspatblastese in Graniten und Gneisen.

O. H. Erdmannsdörffer und *F. K. Drescher-Kaden* haben sich besonders mit der Blastese von Kalifeldspat in Graniten und Gneisen befaßt und auf breiter Beobachtungsgrundlage mit vorzüglichen Abbildungen (besonders *Drescher-Kaden*, 1948) eindeutige Beweise für das Wachsen von Kalifeldspat in älterem Starrgefüge des betreffenden Gneises oder Granites erbracht. Weitgehend konnte von den beiden genannten Autoren auch die genetische Bedeutung geklärt werden, welche den verschiedenen Einschlußgefügen im Kalinatronfeldspat (Kalifeldspat) zukommt: Tatsachen, welche, roh gesprochen, von der „Kristallisationskraft" der betreffenden Kalinatronfeldspate als Funktion der pt-Verhältnisse und der sonstigen geologischen Umweltfaktoren abhängen und daher für den Geologen von großem Interesse sind.

So ist die Erhaltung *helizitischer Reliktgefüge* hauptsächlich an Schwachwirkungsbereiche der Metamorphose geknüpft. Das Wachsen des Porphyroblasten vollzieht sich hier ungemein behutsam *(B. Sander);* Teile des präexistierenden Gesteinsgrundgewebes werden vom Lösungsumsatz aufgelöst und die erhalten gebliebenen Relikte

werden ohne Desorientierung als Einschlüsse im Porphyroblasten
konserviert bzw., wenn sich dieser während seines Wachstumes
dreht, ebenfalls mitgedreht (Einschlußwirbel).

Bei magmatischer Kristallisation werden Frühkristallisate an
Wachstumsflächen des in Kristallisation begriffenen Kalinatronfeldspates angelagert und es entstehen regelmäßige *zonare Einschlußringe* (Beispiele aus Vulkaniten). Helizitische Einschlußzüge sind in
liquidmagmatischer geologischer Umgebung unmöglich.

Zwischen beiden Extremen (metamorph-magmatisch) vermitteln
Granit- und Gneisstrukturen. Durch zielbewußte sorgfältige Beobachtung ist es *Erdmannsdörffer* und *Drescher-Kaden* gelungen, in
Graniten und Gneisen mannigfaltige Übergangsbildungen zu beobachten. So sind automorphe Graniteinsprenglinge („porphyrische"
Kalinatronfeldspate mit zonaren Einschlußringen) von xenomorphen
Randsäumen umgeben mit Erhaltung helizitischer Einschlußzüge
und sonstiger eingeschlossener Gewebsreste des Gesteinsgrundgewebes. Zwischen Kalinatronfeldspaten mit zonaren Einschlußringen (große Mobilität des Lösungsumsatzes, starke Kristallisationskraft) und Kalinatronfeldspaten mit Erhaltung helizitischer Einschlußzüge (geringe Mobilität des Lösungsumsatzes, schwache Kristallisationskraft) vermitteln Kalinatronfeldspate mit desorientierten
reliktischen Einschlüssen. Im letztgenannten Falle war wohl die
Mobilität des Lösungsumsatzes groß genug, das präexistierende Ge
füge des Gesteinsgrundgewebes zu desorientieren, jedoch hatte der
wachsende Kalinatronfeldspat noch nicht die Kraft, die desorientierten Relikte seinen Wachstumsflächen anzulagern.

Es gibt also Kalinatronfeldspatporphyroblasten, von denen nicht
ohneweiters ausgesagt werden kann, ob ihr metasomatisches Wachstum in älterem Starrgefüge (Blastese) unmittelbar zeitlich anschließend an liquidmagmatische Erstarrung (Blastese aus magmatischer Restlösung) erfolgte oder ob es sich um eine metamorphe
Neubildung (Blastese aus metamorphem Lösungsumsatz) handelt.
Die von *O. H. Erdmannsdörffer* neuerdings wieder vorgeschlagene
Gegenüberstellung (L. 18): *endoblastisch* (Blastese aus magmatischer
Restlösung) und *metablastisch* (Blastese aus metamorphem Lösungsumsatz) ist als genetisches Denkprinzip sicherlich erwünscht, jedoch
in den Hohen Tauern z. B. bisher ohne deutliches Unterscheidungs-
merkmal. Denn es ist eine Sache der Meinung und nicht der exakt
heute etwa möglichen Beweisführung, in den Gneisgraniten und granitischen Gneisen der Tauern Magmatismus und Metamorphismus
bezüglich der Ausbildungen des Kalinatronfeldspates abzugrenzen. In
geologischer Hinsicht ist das Vorhandensein von „Magma" während
der alpidischen Orogenese in den heute aufgeschlossenen Teilen des

Tauernkörpers unwahrscheinlich, jedoch sind alpidische Kalinatron-feldspatporphyroblasten in Anbetracht der oben exakt erwiesenen Einzelfälle vermutlich in großem Ausmaße vorhanden (metasomatische Granitisation).

Im folgenden wird gezeigt, daß in einem typischen Augengneis der tieferen tektonischen Zonen der Hohen Tauern zwei Generationen von Kalinatronfeldspat vorhanden sind. Auf Grund des mikroskopischen Bildes und des geologischen Zusammenhanges ist es wahrscheinlich, daß die jüngere Kalinatronfeldspatgeneration gleich alt ist mit den oben beschriebenen Mikroklinporphyroblasten mit helizitischen Einschlußzügen. Es handelt sich um das Gestein (Riesenaugengneis), in dem die eingangs beschriebene Biotit-Muskowitschieferlage mit den helizitischen Mikroklinen eingebettet ist (siehe Abb. 1). Bevor auf die Ausbildung des Kalinatronfeldspates im Riesenaugengneis eingegangen wird, sei eine petrographische Beschreibung des ganzen Gesteines gegeben.

Der Riesenaugengneis im Radhausberg-Unterbaustollen.

Abb. 1 ist eine schematische Skizze des im Radhausberg-Unterbaustollen bei Badgastein aufgeschlossenen Granitisationshofes. Kontinuierliche Übergänge bestehen zwischen sedimentogenen Phylliten, Quarziten, Glimmerschiefern (Woiskenmulde) und granitischen Augengneisen (Riesenaugengneis). Die Albit-Blastese in der Woisken-mulde ist gut zu beobachten und wurde bereits eingehend beschrieben (L. 24). Es wurde gezeigt, daß die Ausbildung des Albits in diesem Granitisationshof einer einfachen Gesetzmäßigkeit unterliegt. Die Reihe: Plag. I —→ Plag. II —→ Plag. III kennzeichnet die Transformation vom Glimmerschiefer zum granitischen Gneis. Kalinatronfeldspat ist in den äußeren Zonen des Granitisationshofes sekundär zu Schachbrettalbit umgewandelt (Einfluß des Glimmerschiefer-„Wirtes" auf die „Zufuhr"). Inverszonarer Albit kommt nur in der äußeren Zone des Granitisationshofes, Myrmekit und Quarzgewächse kommen nur in der inneren Zone vor.

Im Profil des Radhausberg-Unterbaustollens ist der Riesenaugengneis 160 m mächtig. Es handelt sich um die SiO_2- und alkalireiche Randzone des mindestens 2000 m mächtigen, vielleicht bis in die „Ewige Teufe" hinabreichenden gneisgranitischen Hölltor-Rotgüldenkernes. Der Riesenaugengneis zeigt aber nicht nur Übergänge zum flasrigen porphyrischen granitischen Gneis seines Liegenden, sondern, wie schon oben erwähnt, in Form eines typischen Granitisationshofes kontinuierliche Übergänge zu den sedimentogenen Gesteinen der Woiskenmulde in seinem Hangenden.

Der Riesenaugengneis ist ein recht streng ebenflächig parallel-schiefriger Kalinatronfeldspatgneis. Dominierend sind die bis 10 cm langen Kristallaugen des Kalinatronfeldspates, welche an einheitlichen Spaltflächen makroskopisch meist als nicht zerbrochene einheitliche frische Großkristalle zu erkennen sind. Mineralbestand und

volumetrische Zusammensetzung: Kalinatronfeldspat 70—35; Quarz
45—15; Albit 40—10; Biotit 8—0; Chlorit 7·0—0·5; Muskowit
5·0—0·0; Titanit 3·0—0·2; Apatit 0·8—0·1; Epidot und Klinozoisit
0·2—0·0 Vol.%. Akzessorische Gemengteile sind: Orthit, Pyrit,
Magnetit, Zirkon und sekundäres Verwitterungskarbonat. Syngenetischer Kalkspat als gesteinsbildender Gemengteil wurde im Riesenaugengneis nicht gefunden.

Der Riesenaugengneis besitzt im Längsbruch makroskopisches
Zeilengefüge. Unter dem Binokular (Ätzung der polierten Anschliffe
mit HF und Färbung mit Methylviolett) und im Mikroskop sind sehr
regelmäßig immer wieder folgende Zeilen von mehreren Millimetern
bis zu einigen Zentimetern Dicke beobachtbar:

a) Reine Quarzzeilen.

b) Zeilen von Kalinatronfeldspat mit oder ohne Quarz. Mit diesen
Zeilen sind die Großindividuen des Kalinatronfeldspates in Form von
„Schwänzen" verbunden (Abb. 5).

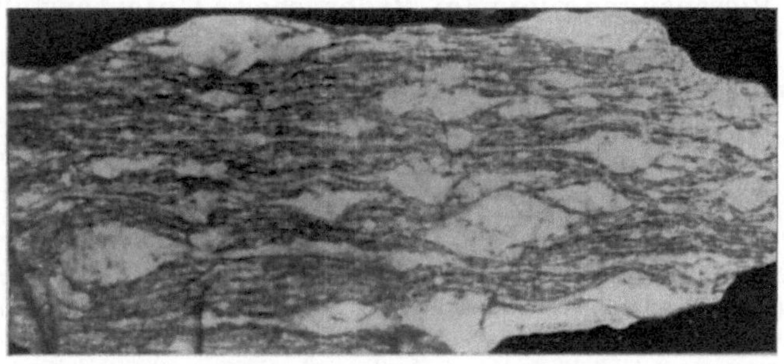

Abb. 5. Riesenaugengneis. Längsschnitt. Kristallaugen von Kalinatronfeldspat. Zeilengefüge. An
das 3 cm lange Kalinatronfeldspatauge (links) setzt eine 12 cm lange Kalinatronfeldspat-Quarzzeile
an. Radhausberg-Unterbaustollen, Halde. Verkleinerung 2mal.

c) Albit-Biotit-Chlorit-Muskowitzeilen. Sehr auffallend im Riesenaugengneis ist das Zusammenvorkommen des Albits mit den Glimmermineralien und Nebengemengteilen (Titanit, Apatit, Epidot, Orthit,
Pyrit, Magnetit und Zirkon). Das Material dieser Zeilen erinnert also
an die Albitglimmerschiefer und Albitgneise der Woiskenmulde.

d) Muskowit findet sich häufig auch außerhalb der Albit-Biotit-
Chlorit-Muskowitzeilen und bildet in Form großer Muskowitflasern
die Augenlider der Kalinatronfeldspat-Kristallaugen.

Im Querbruch zeigt der Riesenaugengneis deutliche „Inselstrukturen" (B-Tektonit) und im Hauptbruch bilden die elongierten
Glimmerblättchen ein lineares Parallelgefüge (Striemung). Die Kalinatronfeldspat-Kristallaugen haben torpedoförmige Gestalt, wovon

man sich beim Zerschlagen der Gesteinsproben überzeugt. Es dürfte eine einheitliche B-Achse vorhanden sein, die durch die Elongation der Glimmer und die gelängten Kristallaugen bezeichnet ist. Eine korngefügekundliche Analyse steht noch aus.

Mikroskopische Beschreibung der Minerale des Riesenaugengneises:

Zirkon (0·08 mm). Im Zentrum radioaktiver Höfe in Biotit.

Orthit (0·8 mm). Großindividuen teilweise idiomorph. Klinozoisitsaum. Kleine Individuen im Zentrum radioaktiver Höfe in Biotit.

Magnetit (0·2 mm). Schüppchen parallel verwachsen mit Chlorit und Biotit. Häufig vor allem in Chlorit, der sich sekundär aus Biotit gebildet hat.

Pyrit (0·6 mm). Idiomorph.

Epidot und Klinozoisit (0·4 mm). Bloß sporadisch vorkommend. Ebenso wie im Schachbrettalbitaugengneis der Woiskenmulde finden sich auch im Riesenaugengneis Klinozoisitaggregate (? Pseudomorphosen nach Granat). Die Länge dieser in s gelängten Aggregate beträgt 1·4 mm; die Breite 0·25 mm.

Apatit (0·4 mm). Säulchen.

Biotit (1·5 mm). $\gamma =$ dunkelbraun, $\alpha =$ hellgelb. Mechanisch gequälter Biotit wurde nicht beobachtet. Querbiotit ist häufig. Radioaktive Höfe um Zirkon und Orthit. Der Biotit ist meist korrodiert. Sehr allgemein im Riesenaugengneis ist die Chloritisierung des Biotits. Im sekundären Chlorit scheidet sich dabei massenhaft Titanit und in geringeren Mengen Magnetit und Sagenit aus. Besonders der in Feldspat eingeschlossene Biotit ist sehr häufig chloritisiert.

Chlorit (1·4 mm). Vorwiegend Pennin. Mechanische Quälungen nicht vorhanden. Biotitkerne werden von titanitgefülltem Chlorit umsäumt. Mit unregelmäßig gestalteter Grenzführung greift der Chlorit in den Biotit vor. Quergestellte Chlorite, die Querbiotite ersetzt haben, finden sich. Radioaktive Einschlußminerale werden aus dem Biotit übernommen und bilden radioaktive Höfe in Chlorit.

Titanit (0·25 mm). Meist zu Haufen, Girlanden und Kränzen aggregierte xenomorphe „Insekteneier"-Formen. Idiomorphe Titanitkristalle sind als Einschlüsse in Kalinatronfeldspat häufig. Wo titanitreiche Chloritsträhnen in Kalinatronfeldspat hineinreichen, ist deutlich zu sehen, daß Chlorit rascher aufgelöst wird als Titanit. In Fortsetzung von Biotit- und Chloritflasern bleibt Titanit als letztes, der Korrosion und Resorption am kräftigsten widerstehendes Mineral übrig und bildet dann allein Girlanden und Resorptionskränze.

Muskowit (1·5 mm). Mechanisch gequälter Muskowit kommt vor, ist aber selten. Hauptsächlich bildet Muskowit die Augenlider der Kalinatronfeldspataugen. Die mächtigen Scheitermuskowite solcher Augenlider stehen oft in auffallendem Gegensatz zu den spärlichen kleinen Muskowitflasern des Grundgewebes. Quermuskowit kommt vor, ist aber seltener als Querbiotit und Querchlorit. Mitunter ist Muskowit parallel mit Biotit bzw. Chlorit verwachsen.

Albit (2 mm). 0 bis 3% An. Folgende Ausbildungen sind zu unterscheiden:

a) *Gefüllter Plag. III.* Polysynthetische Zwillingslamellen nach Albit-, Periklin- und Karlsbader Gesetz. Tendenz zu Automorphie mit leistenförmiger Streckung nach der kristallographischen x-Achse. Hellglimmer- und wenige Klinozoisitmikrolithen als Fülle. Lamellen- und füllungsfreier Randsaum häufig. Das Vorkommen dieses Albittyps beschränkt sich im Riesenaugengneis auf solche Albite, die in Kalinatronfeldspat eingeschlossen sind (analoge Beobachtung siehe L. 42). Inverse Zonarstruktur fehlt.

b) *Füllungsfreier Plag. III.* Die Ausbildung entspricht dem vorgenannten Typ, bloß fehlen Mikrolithen von Hellglimmer und Klinozoisit. Das Korn ist einschlußfrei (Abb. 6). Häufiges Vorkommen dieses Albittyps sowohl als Einschluß innerhalb von Kalinatronfeldspat, als auch im Grundgewebe des Riesenaugengneises außerhalb des Kalinatronfeldspates. Inverse Zonarstruktur fehlt.

c) *Plag. II.* Wenige, häufig auskeilende und das Korn in unregelmäßigen Abständen bedeckende Zwillingslamellen. Xenomorph. Albit- und Periklinzwillingsgesetz. Selten sind Hellglimmermikrolithen. Meist ist das Albitkorn frei von Füllung. Helizitische Einschlüsse des Grundgewebes finden sich. Eine schwache Inverszonarstruktur kommt vor, ist aber selten. Dieser Albittyp ist sowohl im Grundgewebe, als auch als Einschluß in Kalinatronfeldspat häufig.

d) *Plag. I.* Nicht verzwillingt oder einfach verzwillingt nach Albit- und Periklingesetz. Xenomorph. Hauptsächlich im Grundgewebe des Riesenaugengneises vorhanden. Es ist der herrschende Albittypus im Grundgewebe des Riesenaugengneises. Diese Grundgewebsalbite sind meist in s gelängt. Helizitische Einschlußzüge sind häufig. Inverszonarstruktur kommt häufig vor.

Einschlüsse, Trübung und Mikrolithenfüllung fehlen also häufig im Albit des Riesenaugengneises, was mit der relativen Armut des Gesteines an Glimmermineralien, dunklen und sonstigen Nebengemengeteilen zusammenhängen dürfte. Diesbezüglich sind folgende Beobachtungen im Riesenaugengneis bemerkenswert:

1. Helizitische Einschlußzüge in Plag. I und Plag. II werden von folgenden Mineralien aufgebaut: Muskowit, Quarz, Chlorit, Biotit und Titanit. Es handelt sich um Relikte des präexistierenden Starrgefüges, welches der wachsende Albitporphyroblast einschloß.

2. Sekundäre Trübung des Albites läßt sich stellenweise eindeutig nachweisen. Obwohl unsere Gesteinsproben aus dem Stollen, der erst vor wenigen Jahren getrieben wurde, frei von den Verwitterungsbedingungen der Erdoberfläche sind, so fand ich doch längs des Stollenprofiles lokale Zonen von Albit-Trübung, während in anderen Teilen des Stollens die Albite weithin vollkommen ungetrübt sind. Dies hängt offenbar mit hysterogenen, im Zuge der kratonischen Zerreißung des Gebirgskörpers lokal ansetzenden hydrothermalen Umwandlungsvorgängen zusammen. Ein gutes Beispiel für sekundäre Trübung und aus ihr entstehende Hellglimmermikrolithen liefert Abb. 6. Von der Trübung, die auch noch bei stärkster Vergrößerung eines gewöhnlichen petrographischen Arbeitsmikroskopes staubförmig erscheint, finden sich Übergänge zu undeutlichen Hellglimmerschüppchen bis zu echten Hellglimmermikrolithen.

Abb. 6. Ungefüllter, polysynthetisch nach Albitgesetz verzwillingter Albit. Die Schnittlage des großen leistenförmigen Albitkornes ist senkrecht MP. Der Anorithgehalt beträgt 1%. Ein lamellenfreier Randsaum ist ausgebildet (rechts, dunkler Rand des Kornes). Längs einer Fuge bildete sich sekundär ein Schlauch von Trübung, Hellglimmermikrolithen und rhomboedrischem Karbonat. Aus Riesenaugengneis. Radhausberg-Unterbaustollen Meter 1850. Vergr. 30 mal. Nicols gekreuzt.

3. Harmonisch verteilte Hellglimmermikrolithen (Mikrolithenfüllung) finden sich im Riesenaugengneis hauptsächlich in den Albitkörnern, die in Kalinatronfeldspat eingeschlossen sind. Die Albitkörner außerhalb der Kalinatronfeldspate führen spärlich oder häufiger gar keine Mikrolithenfülle. Klinozoisitmikrolithen in Albit finden sich selten und nur in solchen Gesteinsproben, in denen Epidot und Klinozoisit als gesteinsbildende Gemengteile des Grundgewebes vorhanden sind.

4. Wo Albit an Scheitermuskowit angrenzt, kommt es häufig vor, daß die den Muskowitscheitern benachbarten Teilbereiche des Albitkornes reich an Hellglimmermikrolithen sind, während die vom Scheitermuskowit entfernteren Teilbereiche des Albitkornes mikrolithenarm sind oder überhaupt keine Mikrolithen aufweisen. Zwischen dem Muskowit außerhalb des Albitkornes und den Hellglimmermikrolithen im Albitkorn gibt es kontinuierliche Übergänge. Das zeigt Abb. 7. In der Woiskenmulde ist nämlich dasselbe Erscheinungsbild analog zu beobachten.

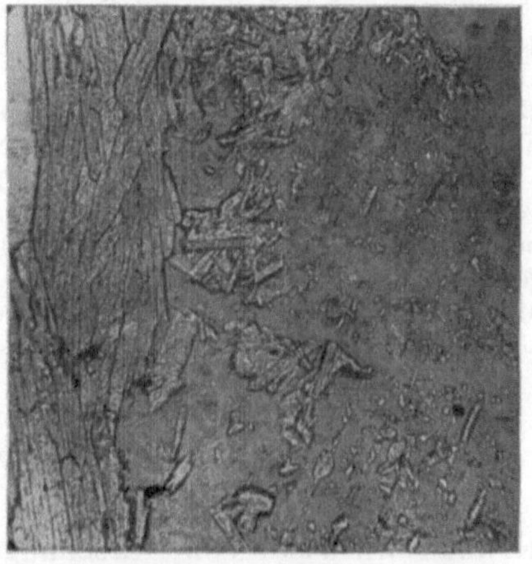

Abb. 7. Scheitermuskowit (links) und Randzone eines Albitgroßkornes (rechts). Im zentralen Teil des Albitgroßkornes sind parallel M Hellglimmermikrolithen geregelt eingelagert. Muskowitschollen in der Randzone des Albitgroßkornes bilden Übergänge zwischen Hellglimmermikrolithen im Zentrum des Albitkornes und Scheitermuskowit außerhalb des Albitkornes. Aus pegmatoider Linse in der Woiskenmulde. Radhausberg-Unterbaustollen Meter 612. Vergr. 60 mal. Einfaches Licht.

In genetischer Hinsicht ist somit interessant: Der geringe Anorthitgehalt des Albites im Riesenaugengneis (0—3% An), der auch für polysynthetisch reich und eng verzwillingte Individuen mit automorpher leistenförmiger Tracht, frei von Mikrolithenfülle gilt (Abb. 6). Inverszonarer Albit ist auf die Albit-Glimmerzeilen des Grundgewebes beschränkt, was gut mit der Auffassung zusammenstimmt, daß diese den ältesten Grundbestand des Gesteines bezeichnen. Sekundäre Trübung, welche bis zur Bildung von Hellglimmermikrolithen vorschreitet, befällt die extrem anorthitarmen Albitindividuen unseres Gesteins, hat also in unserem Falle nicht das geringste mit der Umbildung eines An-reichen zu einem An-armen Plagioklas infolge rückschreitender Metamorphose zu tun. Solche sekundäre Trübung und Hellglimmermikrolithenbildung dringt längs Fugen in das frische Albitkorn ein (Abb. 6). Die in Kalinatronfeldspat eingeschlossenen Albitkörner sind in der Regel bedeutend reicher an Mikrolithenfülle als die außerhalb des Kalinatronfeldspates befindlichen. Mikrolithen in Albit zeigen mitunter örtliche Zusammenhänge mit Scheitermuskowiten außerhalb des Albites (Abb. 7). Inter- und intragranulare metasomatische Vorgänge haben jedenfalls die entscheidende Rolle bei der Bildung der Hellglimmermikrolithen in Albit gespielt.

Verdrängung von Albit durch Kalinatronfeldspat ist im Riesenaugengneis häufig zu beobachten.

Schachbrettalbit (2 mm). Fehlt im allgemeinen im Riesenaugengneis. Bloß in glimmerreichen Lagen (M. 1785 und 1850) der obersten Partien des Riesenaugengneises wurde Schachbrettalbit gefunden. In den untersten Partien der Woiskenmulde spielt die Schachbrettalbitisation des Kalinatronfeldspates eine große Rolle (Zweifeldspatgneise). Die darüber folgende Hauptmasse der Woiskenmulde ist dann dadurch charakterisiert, daß sämtlicher Kalinatronfeldspat sekundär in Schachbrettalbit übergeführt ist.

Quarz (1·7 mm). Klares einschlußfreies Korn. Xenomorph, gelängt in s. Spiegelglatt auslöschend bis schwach undulös. Idiomorpher Quarz kommt als Einschluß in Kalinatronfeldspat (Knaf. III) im Schliff Nr. 131 vor.

Myrmekit und Quarzgewächse. Postmikrokliner Myrmekit ist in großer Menge vorhanden. Er bildet massenhaft die bekannten kranzförmig angeordneten Warzen um große Kalinatronfeldspatindividuen. Bedeutend seltener werden kleine Grundgewebsmikrokline von Myrmekit befallen. An einigen Stellen dürfte prämikrokliner Myrmekit vorhanden sein, ist aber im Riesenaugengneis nicht exakt nachgewiesen. Unregelmäßig begrenzte Quarzgewächse sind vorhanden.

Die Ausbildungsformen des Kalinatronfeldspates im Riesenaugengneis.

Anregungen zu einer genaueren Untersuchung der Ausbildung des Kalinatronfeldspates im Riesenaugengneis und damit zu einem Versuche, Generationsfolgen zu unterscheiden, erhielt ich von Herrn Professor Dr. *A. Köhler.* Die Untersuchung ergab, daß sich zwei Ausbildungsformen des Kalinatronfeldspates im Riesenaugengneis unterscheiden lassen, von denen jedenfalls die eine (Knaf. II) jünger ist als die andere (Knaf. III). Wenn man sich stets vor Augen hält, daß die Grenzen zwischen den beiden Typen wenig scharf sind, so kann man auch von zwei Generationen sprechen.

Bevor die Beobachtungen beschrieben werden, sei noch gesagt, daß diese Untersuchung im Jahre 1946 begonnen wurde, um „alte" (voralpidisch kristallisierte) und „junge" (alpidisch kristallisierte) Kalinatronfeldspate womöglich unterscheiden zu können, weil das für die geologische Erforschung der Hohen Tauern und überhaupt ähnlicher Gebiete von grundlegender Bedeutung wäre. Gelungen ist mir das nicht. Ich bin zur Auffassung gelangt (L. 23), daß sämtlicher Kalinatronfeldspat im Riesenaugengneis des Radhausberg-Unterbaustollens der alpidischen Kristallisation (Tauernkristallisation) angehört. Um die ursprüngliche Fragestellung weiterzubearbeiten, wird man andere Teile der Hohen Tauern diesbezüglich ebenfalls genau untersuchen und sie mit stratigraphisch gesicherten „alten" Graniten und Gneisen der helvetischen Massive der Westalpen vergleichen.

Was die Beobachtungen im Riesenaugengneis bei Badgastein (Radhausberg-Unterbaustollen) betrifft, so ist es am auffallendsten, daß sich die Großindividuen des Kalinatronfeldspates (10 cm bis 3 mm) zum überwiegenden Teil als Knaf. III zu erkennen geben. Knaf. III stellt in unserem Riesenaugengneis die ältere Generation dar.

Hingegen entsprechen die häufig vorhandenen Randsäume der Großindividuen stets dem Typus Knaf. II. Und sämtliche Kalinatronfeldspate des Grundgewebes unseres Gesteines gehören als Kleinindividuen (< 3 mm) ebenfalls dem Typus Knaf. II an. Die jüngere Generation des Kalinatronfeldspates kristallisierte als Knaf. II.

Die Kristallisation der Randsäume und der Kleinindividuen überdauerte im allgemeinen die differentielle Durchbewegung des Gesteines (spiegelklare Auslöschung und unverlegte helizitische Einschlüsse).

Die Mehrzahl der Großindividuen (Knaf. III) löscht ebenfalls spiegelklar aus und zeigt kaum rupturelle Beanspruchung. Jedoch ist auch eine Anzahl der Großindividuen rupturell deformiert (Zerscherung, Kataklase und rupturelle Auslöschung, teilweise mit Regenerationserscheinungen; also Verhältnisse, wie sie von S. *Prey* bereits eingehend an Augengneisen des Sonnblickgebietes beobachtet und beschrieben wurden). In diesen Fällen kann im Riesenaugengneis stets beobachtet werden, daß das primär als Knaf. III ausgebildete Großkorn sekundär teilweise oder ganz zu Knaf. II verändert ist. Es gibt also auch den Typus Knaf. II im Riesenaugengneis, der keine selbständige Generation darstellt, sondern bloß das veränderte Umlagerungsprodukt (Austreibung der Perthitsubstanz und der Albiteinschlüsse, Vergrößerung des Achsenwinkels, Zunahme der Mikroklingitterung) von primärem Knaf. III ist.

Im allgemeinen herrschen also folgende Verhältnisse:

Knaf. III ist auf Großkörner mit schwacher oder gar keiner postkristallinen Deformation beschränkt.

Knaf. II bildet sich auf drei Wegen:

1. Neubildung als Randsaum von Großindividuen.

2. Im Grundgewebe (Kleinindividuen) als Neubildung.

3. Sekundär aus Knaf. III in postkristallin deformierten Großindividuen.

Der Riesenaugengneis ist als ein Blastomylonit, parakristallin bezüglich Kalinatronfeldspat deformiert, anzusprechen.

Nun folgt eine Detailbeschreibung der Kalinatronfeldspatkörner im Riesenaugengneis, geordnet nach Korngröße und Deformation:

a) Großindividuen (> 3 mm) ohne sichtbare postkristalline rupturelle Deformation.

b) Großindividuen ($>$ 3 mm) mit Anzeichen postkristalliner ruptureller Deformation bis zu intensiv zerscherten Individuen.

c) Kleinindividuen ($<$ 3 mm) meist ohne Anzeichen ruptureller Deformation.

a) *Großindividuen ohne sichtbare postkristalline rupturelle Deformation.* Häufig ist ein Knaf. III-Hauptkörper und ein Knaf. II-Randsaum vorhanden. Der Randsaum ist nur wenige Millimeter breit, während der Hauptkörper einige Zentimeter Länge erreicht. Beide gehen gleichzeitig in Auslöschung. Eine scharfe Grenze zwischen Hauptkörper und Randsaum besteht nicht. Oft ist der Randsaum undeutlich oder fehlt.

Der Hauptkörper (Knaf. III) ist nicht oder kaum mikroklingegittert (flau), während der periphere Randsaum (Knaf. II) deutlichere Gitterung aufweist.

Der Hauptkörper (Knaf. III) besitzt Tendenz zu Automorphie mit Leistenform, gestreckt nach der kristallographischen x-Achse. Ist der Winkel zwischen x-Achse des Individuums und der Haupt-s-Fläche des Gesteines klein, so sind die Kristallaugen lang und dünn. Ist der genannte Winkel groß (bis 90°), so sind die Kristallaugen kurz und dick. Im Gegensatz dazu ist der Randsaum (Knaf. II) xenomorph. Er wächst amöbenartig in das nachbarliche Grundgewebe hinein. Oft sind millimeterlange pseudopodienartige Fortsätze im Grundgewebe vorhanden. Als Matrix umschließen die äußeren Bezirke des Randsaumes das nachbarliche Grundgewebe. Helizitische Einschlußzüge (Relikte des metasomatisch verdrängten Grundgewebes) sind im Randsaum bisweilen eingeschlossen.

Der Hauptkörper (Knaf. III) ist Aderperthit, stellenweise mit perthitischen Resorptionserscheinungen (primärperthitische Entmischung). Die Perthitadern sind parallel P, M und aufrechten Prismen angeordnet. Der Achsenwinkel 2 Vα der Kalifeldspatkomponente schwankt zwischen 54 und 80° mit dem Mittelwert: 70° (9 Messungen). Der Randsaum (Knaf. II) dagegen ist perthitarm bis perthitfrei. Aderperthit findet sich niemals im Randsaum.

Der Hauptkörper ist meist ein Karlsbader Zwilling. 63% der in den Dünnschliffen ganzrandig vorhandenen Individuen sind Karlsbader Zwillinge und 37% sind Nichtzwillinge. Andere Zwillingsgesetze wurden nicht beobachtet. Die Zwillingsnaht verläuft als ebene Fläche parallel M. Nur in zwei Körnern wurde jene scharfe Einwinkelung der Zwillingsnaht beobachtet, welche nach *A. Köhler* (L. 29) genetisch auf das Übergreifen der y-Fläche des einen Teilindividuums über die P-Fläche des Zwillings zurückzuführen ist. Der Randsaum (Knaf. II) ist dagegen nicht verzwillingt. Der Randsaum um Karlsbader Zwillinge wächst selbständig weiter, indem sich eine krumme, mannigfach ausgebuchtete und unregelmäßige Anwachsfläche zwischen den beiden Zwillingsteilindividuen herausbildet. Der Übergang von der geraden Zwillingsnaht in die krumme Anwachsfläche vollzieht sich ohne undulöse Begleiterscheinungen und ohne sichtbare Scherflächen oder sonstige Rupturen.

Der Hauptkörper (Knaf. III) beinhaltet häufig sehr reichlich Einschlüsse des Gesteinsgrundgewebes, die aber im Gegensatz zum Randsaum niemals als helizitische Einschlußzüge vorkommen. Sie bilden meist regelmäßige Einschlußringe (Anlagerung an Wachstumsflächen des Kalinatronfeldspates). Manchmal sind sie scheinbar regellos im Knaf. III verstreut (Korngefügeanalyse steht aus). Als Einschlüsse finden sich: Plag. III, II und I, Quarz (mitunter idiomorph!), Chlorit (sekundär aus Biotit gebildet unter Ausscheidung von Titanit und Sagenit), Muskowit, Biotit, Titanit (häufig idiomorph), Apatit und Erz. Sehr häufig bildet der Albit Einschlußringe parallel P, M und aufrechten Prismen des Knaf. III. Der eingeschlossene Albit ist meist mit M, seltener mit P in die betreffenden Wachstumsflächen des Kalinatronfeldspates parallel eingeregelt. Es findet sich auch die Erscheinung, daß Albiteinschlüsse mit dem Aderperthit des Kalinatronfeldspates kommunizieren

Der Randsaum (Knaf. II) hingegen führt zusammenhängende Gewebsteile des Grundgewebes als Einschlußkörper. Er besitzt häufig helizitische Einschlußzüge, niemals jedoch Einschlußringe.

b) *Großindividuen mit Anzeichen postkristalliner ruptureller Deformation bis zu intensiv zerscherten Individuen.*

Deformationen (unmittelbare Teilbewegungen) und innere Umlagerungen (Lösungsumsätze, mittelbare Teilbewegungen) verändern die Knaf.-III-Großkörner zu Knaf. II. Undulöse Auslöschung und schärfere Mikroklingitterung stellen sich ein. Zwischen dem umgebenden Grundgewebe und den Kalinatronfeldspat-Großindividuen setzen Scherflächen durch. Breite Muskowitscheiter begleiten als Lider die Knaf.-II-Augen. Granulationskränze (Kleinpflaster) legen sich häufig ringförmig um die Knaf.-II-Individuen. An Rissen und Sprüngen triftet nachbarliches Kleinpflaster in die Knaf.-II-Großkörner ein. Das Großkorn wird in mehrere Teilstücke zerrissen, die bloß noch als isolierte Teilschollen in der Granulationsmasse schwimmen. Schon *S. Prey,* 1937, hat gezeigt, daß dem Kalinatronfeldspat auch in diesem Zustand noch eine regenerative Kraft innewohnt und er mitunter die Risse und Klüfte im eigenen Kristallkörper wieder selbst verheilt und die sekundär eingetrifteten Fremdkörper umschließt. So liegen „perlschnurartige Reihen von Grundgewebseinschlüssen im einheitlichen Kalifeldspat in heute geschlossenen Klüften" (L. 34).

Knaf. II ist häufig perthitfrei. Aderperthit beschränkt sich, wenn überhaupt noch vorhanden, auf lokale Teilregionen des Großkornes. Haufenperthit tritt an Stelle des Aderperthites (innere Umlagerung). Nicht selten ist die Perthitsubstanz aus dem Korne ganz ausgetrieben. Der Achsenwinkel $2\,V\alpha$ der Kalifeldspatkomponente schwankt zwischen 64 und 86° mit dem Mittelwert: 76° (12 gemessene Körner).

Die ehemaligen Karlsbader Zwillinge sind häufig zerbrochen und die einzelnen Bruchstücke gegeneinander verschoben. In den gequälten undulösen Körnern wird die Zwillingsnatur immer undeutlicher.

Echte Einschlüsse sind bedeutend seltener als in den vorgenannten Knaf. III-Großindividuen. Die Albiteinschlüsse werden ebenso wie die Perthitsubstanz ausgetrieben.

Allmähliche Übergänge von Knaf. III zu Knaf. II sind an einigen Kristallaugen zwischen dem Hauptkörper des Auges (Knaf. III) und den beiderseitigen distalen Augenzwickeln (Knaf. II) zu sehen.

c) *Kleinindividuen, sehr allgemein ohne Anzeichen ruptureller Deformation.* Sämtlicher Kalinatronfeldspat mit Korndurchmesser < 3 mm im Riesenaugengneis gehört dem Typus Knaf. II an. Es handelt sich stets um xenomorphe, meist in s gelängte Individuen mit mittlerer Korngröße von 0·6 bis 1 mm. Das Korn löscht meist spiegelglatt aus; mitunter ist es schwach undulös; selten perthitisch, meist perthitfrei. Mikroklingitterung ist meist deutlich. Der Achsenwinkel $2\,V\alpha$ der Kalifeldspatkomponente schwankt zwischen 62 und 90° mit dem Mittelwert: 71° (19 gemessene Körner), Zwillinge fehlen im allgemeinen. Ganz selten wurden Karlsbader Zwillinge beobachtet, die sich aber niemals in Körnern mit Durchmesser < 0·4 mm finden. Einschlüsse sind recht selten. Helizitische Einschlußzüge von Titanit in mehreren Mikroklinkörnern zeigt der Schliff Nr. 55. Mitunter füllen Knaf.-II-Kleinindividuen Spaltrisse in älteren Großindividuen aus, wobei die Kleinindividuen ihre eigene optische Orientierung besitzen und glatt in Auslöschung gehen, auch wenn das Großindividuum intensiv undulös ist.

Wie die vorliegende Detailbeschreibung gezeigt hat, sind manche genetische, vor allem den Geologen interessierende Fragen noch ungeklärt. Das mikroskopische Bild ist in mancher Hinsicht zweideutig, denn es sind sowohl mechanische Zerbrechungserscheinungen als

9*

auch echte, metasomatisch ins Grundgewebe vordringende Rand
säume blastischen Wachstums vorhanden. Die letztgenannte Erscheinung in tieftaueridem Gneisgranit und granitischen Gneisstock-
werken, auf die besonders *F. Angel* 1937 aufmerksam machte, kann
nicht bestritten werden und ist eine eindeutig zu Recht bestehende
Tatsache. Auf Grund der mitgeteilten Beobachtungen im Riesenaugengneis ergibt sich die Ähnlichkeit zwischen der jüngeren Kali
natronfeldspatgeneration (Randsäume und Kleinindividuen) des
Riesenaugengneises und den eingangs genannten Mikroklinporphyroblasten mit helizitischen Einschlußzügen der im Riesenaugengneis
eingebetteten Biotit-Muskowitschieferlage. Es ist sehr wahrscheinlich,
daß es sich um gleichzeitige alpidische Neubildungen (Knaf. II)
handelt.

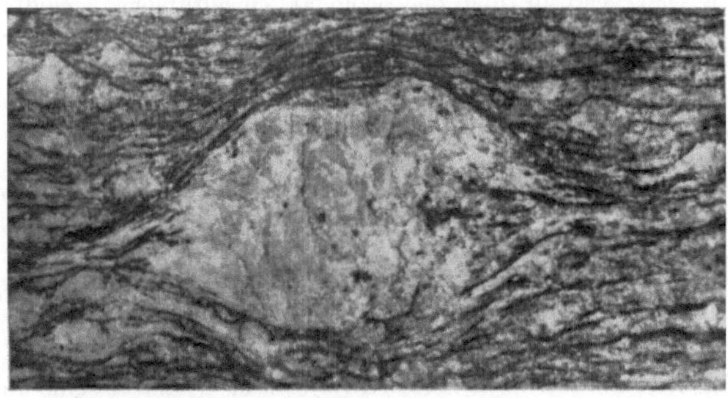

Abb. 8.   Kalinatronfeldspat-Kristallauge aus Riesenaugengneis. Großindividuum. Radhausberg-
Unterbaustollen, Halde. Natürliche Größe.

Was die ältere Kalinatronfeldspatgeneration im Riesenaugengneis
betrifft (Knaf. III), so läßt sich auf Grund unserer derzeitigen Erfahrung aus dem mikroskopischen Befund kein bindender Schluß
ziehen. Ich bin auf Grund des makroskopischen Bildes der Meinung,
daß auch die Knaf.-III-Großindividuen alpidische Porphyroblasten
(Tauernkristallisation) im Riesenaugengneis darstellen (Abb. 8).
Während der alpidischen Orogenese erfolgte eine bedeutende Alkalimobilisation im alten granitischen Grundgebirge der Tauern und die
Alkalien reicherten sich in der Außenzone des granitischen Kernes
an, wobei die angrenzende Schieferhülle granitisiert wurde. Damit
wird nicht in Abrede gestellt, daß in anderen Gebieten der Tauern
große Gneis- und Granitfeldspate Relikte voralpidischer Kristallisation sein können.

Einseitige extreme Auffassungen ähnlicher granitischer Kali-
natronfeldspataugengneise betonen entweder allein den Mylonit-

charakter (Dynamometamorphose) oder allein die Erscheinungen der Blastese in den Randzonen der großen Kalinatronfeldspate (metasomatische Granitisation). Tatsächlich handelt es sich hier um einen Blastomylonit, der beide Erscheinungen in sich vereinigt.

Wenn es auch sicher richtig ist und in der vorliegenden Arbeit wiederum klar durch Funde von Mikroklinporphyroblasten bewiesen wurde, daß die dynamometamorphe Entstehung mancher Augengneise in der Vergangenheit oft zu einseitig betont wurde, so muß man sich doch auch darüber klar sein, daß extreme Betonung von blastischem Kalinatronfeldspatwachstum in solchen Augengneisen (L. 2, 11, 32) auf Grund des mikroskopischen Bildes noch wenig exakt fundiert ist. Was der Feldgeologe von mikroskopischen Strukturen erwartet, sind in erster Linie exakte Schlußfolgerungen genetischer Art. Wenn man typische Mylonitstrukturen im Nanga-Parbat-Gebiet als reine Granitisationsprodukte betrachtet (*P. Misch*, 1949) oder die Granulationsränder um Kalinatronfeldspatgroßindividuen mitsamt den Myrmekitsäumen einfach als „replacement" des auf Kosten des nachbarlichen Grundgewebes wachsenden Kalinatronfeldspates im Zuge der Granitisation hinstellt (*G. H. Andersons* „pseudokataklastische Struktur" und *N. Edelmans* „microcline porphyroblasts with myrmekite rims"), ist das vorläufig noch reine Hypothese. Ihre Richtigkeit müßte erst durch exakte mineralogisch-petrographische Beweisführung bestätigt werden, die aber bisher noch nicht möglich war.

Schlußwort.

Die mikrophotographischen Aufnahmen der Abb. 2, 3, 4, 6 und 7 wurden in freundlicher Weise von Herrn Kollegen Dr. *E. J. Zirkl* mit einer Behelfseinrichtung am Mineralogisch-petrographischen Institut der Universität Wien angefertigt, wofür ich dem Vorstand des genannten Institutes, Herrn Professor Dr. *H. Leitmeier*, und dem Assistenten, Herrn Kollegen Dr. *Zirkl*, danke. Die Untersuchungen im Felde und im Stollen wurden durch Subventionen der Österreichischen Akademie der Wissenschaften und des Forschungsinstitutes Gastein sowie durch das bereitwillige Entgegenkommen der Gewerkschaft Radhausberg ermöglicht. Das im I. Teil der „Beiträge zur Kenntnis der Zentralgneisfazies" (Tschermaks mineralogische und petrographische Mitteilungen, dritte Folge, Band 1, 1949) abgesteckte Ziel einer petrographischen Detailbeschreibung der Gasteiner Stollenaufschlüsse der Betriebsperiode 1938 bis 1944 des Goldbergbaues ist durch die hier vorgelegte petrographische Beschreibung des Riesenaugengneises zu einem gewissen Abschluß gelangt. Teil II (L. 21) behandelt das Siglitzprofil, Teil III (L. 24) die Woiskenmulde und

Teil IV (L. 25) den granosyenitischen Gneis. Da infolge der Zeitverhältnisse der Druck einer Monographie nicht möglich erschien, wurde die Teilung des Stoffes vorgenommen, jedoch die breite Form der Gesteinsbeschreibung nach Möglichkeit beibehalten.

Literatur.

1. *Angel, F.,* und *R. Staber,* Min. u. Petr. Mitt. *49* 1937. — 2. *Anderson, G. H.,* Amer. Mineral. *19,* 1934. — 3. *Anderson, G. H.,* Geol. Soc. Amer. Bull. *48,* 1937. — 4. *Barbour, G. B.,* Amer. Journ. Sci. 5. ser. *19,* 1930. — 5. *Becke, F.,* Tscherm. Min. u. Petr. Mitt. *36,* 1925. — 6. *Cloos, E.,* und *A. Hietanen,* Geol. Soc. Amer. Spec. Pap. 35, 1941. — 7. *Cornelius, H. P.,* und *E. Clar,* Zweigst. Wien Reichsst. f. Bodenf. (Geol. Bu. A.) Abhandl. 25, 1939. — 8. *Demay, A.,* Carte géol. Fr. Mém. 1942. — 9. *Drescher-Kaden, F. K.,* Hess. Geol. Landesanst. Not. Bl. 5 F. *1,* 1927. — 10. *Drescher-Kaden, F. K.,* Die Feldspat-Quarz-Reaktionsgefüge der Granite und Gneise und ihre genetische Bedeutung, Heidelberg-Berlin, 1948. — 11. *Edelman, N.,* Bull. Comm. Géol. Finl. *144,* 1949. — 12. *Edelman, N.,* ebenda *148,* 1949. — 13. *Ellenberger, F.,* Annales Sci. de Franche-Comté *3,* 1948. — 14. *Erdmannsdörffer, O. H.,* Zentralbl. Min. A, 1941. — 15. *Erdmannsdörffer, O. H.,* Chemie der Erde *15,* 1943. — 16. *Erdmannsdörffer, O. H.,* Heidelb. Akad. Wiss., Sitzungsber., 1943. — 17. *Erdmannsdörffer, O. H.,* Heidelberg. Beiträge z. Min. u. Petr. 1, 1948. — 18. *Erdmannsdörffer, O. H.,* ebenda, 2, 1950. — 19. *Eskola, P.,* Die metamorphen Gesteine, in: Die Entstehung der Gesteine, Berlin, 1939. — 20. *Exner, Ch.,* Tscherm. Min. u. Petr. Mitt. 3. F. *1,* 1949. — 21. *Exner, Ch.,* Österr. Akad. Wiss. Sitzber. mat. nat. Kl. I *158,* 1949. — 22. *Exner, Ch.,* Mitt. Ges. Geol. Stud. Wien *1,* 1949. — 23. *Exner, Ch.,* Österr. Akad. Wiss. Anz. mat. nat. Kl. 1949. — 24. *Exner, Ch.,* Berg- und Hüttenm. Monatsh. 95, 1950. — 25. *Exner, Ch.,* und *E., Pohl,* Geol. Bu. An. Jb. 94, 1951. — 26. *Goldschmidt, V. M.,* Vid. Selsk. Skr. mat. nat. Kl. *10,* 1921. — 27. *Hietanen, A.,* 1941, siehe bei *Cloos, E.,* — 28. *Grout, F. F.,* Geol. Soc. Amer. Bull. *52,* 1941. — 29. *Köhler, A.,* Tscherm. Min. u. Petr. Mitt. 3. F. *1,* 1948. — 30. *Köhler, A.,* Journ. of Geol. 57, 1949. — 31. *Leitmeier, H.,* Einführung in die Gesteinskunde, Wien, 1950. — 32. *Misch, P.,* Amer. Journ. Sc. 1949. — 33. *Oulianoff, N.,* Ecl. Geol. Helv. 25, 1932. — 34. *Prey, S.,* Mitt. Geol. Ges. Wien 29, 1937. — 35. *Ramberg, H.,* Geol. F. F. Stockholm *69,* 1947. — 36. *Sander, B.,* Geol. R. Anst. Jb. 62, 1912. — 37. *Sander, B.,* N. Jb. Min. A. Beil. B. 57, *1928.* — 38. *Schwinner, R.,* Akad. Wiss. Wien Sitzber. mat. nat. Kl. I. *141,* 1932. — 39. *Schwinner, R.,* Reichsst. für Bodenf. Zweigst. Wien Mitt. (Geol. Bu. Anst. Jb.) 1940. — 40. *Termier, P.,* Congr. Géol. Intern. Sess. IX., Wien, 1903 (1904). — 41. *Wieseneder, H.,* Tscherm. Min. u. Petr. Mitt. 42, 1932. — 42. *Wieseneder, H.,* ebenda *48,* 1936.

Aus dem geologischen Institut der Montanistischen Hochschule Leoben.

Erzmikroskopische Studie des Glaserzes vom Radhausberg bei Gastein.

Von

Walter Siegl.

Mit 6 Textabbildungen.

(Eingelangt am 10. März 1950.)

Glaserz ist eine sehr alte bergmännische Bezeichnung für Silberglanz. Im Gebiet der Hohen Tauern verstand man darunter ein Antimonerz, weil man, wie aus der Schrift R. *Canavals* (1) hervorgeht, zum „Spießglas oder Antimony" einfach Glaserz sagte. Es war dies ein sehr leicht schmelzbares Erz, welches, ehe es noch zerrann, einen weißen Rauch ausstieß. Man erhielt dann einen silberweißen Regulus. In anderen Revieren, wie z. B. in Schwaz, nannte man das (Antimon)-Fahlerz Glaserz. *Pošepny* (2) bezeichnet im Archiv für praktische Geologie das Glaserz als einen mit Antimonit und Bleiglanz fein eingesprengten Gangquarz. Dieses Glaserz hatte 300 bis 1900 g/t Gold + Silber, also einen außerordentlich hohen Edelmetallgehalt, der jedoch nicht auf Zementation zurückzuführen ist. Man nannte später überhaupt hochhaltige Erzgemenge Glaserz.

Die mir zur Untersuchung zur Verfügung stehenden Erze waren Glaserze im Sinne *Pošepnys*. Das geologische Institut der hiesigen Hochschule erhielt im Jahre 1895 einige Stufen Glaserz vom Radhausberg. Die Bezettelung lautete meist „Freigold in Quarz"; später bezeichnete man, sicherlich ohne genaue Prüfung, das neben Gold auftretende Erz als Arsenkies. Knapp vor dem Kriege fiel mir diese falsche Bezeichnung auf und ich bestimmte damals schon Wismut und Tellur, ohne aber dann noch die Stufen näher untersuchen zu können. Die Anregung, die Erze nun doch genauer zu prüfen, verdanke ich Prof. *Haberlandt,* der mir auch einige Erzproben zur Verfügung stellte. Ebenso möchte ich dem Haus der Natur in Salzburg für die Überlassung von zwei Erzproben danken. Stufen dieser Art scheinen sich heute nicht mehr allzu häufig in den Sammlungen zu finden. Es ist anzunehmen, daß sowohl *H. Michel* (3) wie auch *A. Tornquist* (4) mehrere Glaserze zu ihren Untersuchungen vorlagen; beide Autoren rechneten das Glaserz bereits zu den seltenen Erzen.

Die vorliegende Studie soll den Zweck haben, die im Glaserz vorkommenden Minerale nach Möglichkeit genau kennen zu lernen. Auf die zum Teil lange vor der Einführung des Erzmikroskopes vermuteten oder bestimmten Minerale einzugehen erübrigt sich. *H. Michel* erwähnt Antimonit in den Erzen des Radhausberges und bemerkt, daß er hier sowie in den anderen Gangrevieren nicht häufig sei. Als wahrscheinlich unrichtig bezeichnet er die relativ häufige Bezeichnung „Dyskrasit" und „Freierslebenit" und ist der Ansicht, daß es sich zum Teil wohl um Jamesonit handeln könnte. Weitergehend sind in dieser Hinsicht die erzmikroskopischen Untersuchungen *Tornquists*. Die von ihm mikroskopierten Radhausberger Erzstufen stammten vom Hieronymusstollen. Außer Pyrit, Arsenkies und Glanzkobalt, also Erze der frühen Vererzungsphasen, führt *Tornquist* eine Reihe von Mineralen an, welche für die Nachschübe, wozu das Glaserz zu rechnen ist, zum Teil charakteristisch sein sollten. Es sind dies neben Gold:

isotroper Kupferglanz	
Boulangerit	
Argentit	häufig
Geokronit	
Bleiglanz	sehr sparsam

Wismuterze hat *Tornquist* im Radhausberger Erz nicht beschrieben. Diese Paragenese ist einigermaßen ungewöhnlich. Falls, wie *Tornquist* meint, der Kupferglanz älter als die Sulfosalze ist, so ist es sehr merkwürdig, daß nicht Kupfer-Antimon-Schwefel- oder Kupfer-Blei-Antimon-Schwefel-Erze, wie Wolfsbergit oder der doch sonst oft vorkommende Bournonit auftreten.

Die Art, den Boulangerit und Geokronit durch schnelle Schwärzung mit Salpetersäure und am negativen Verhalten gegen Kalilauge und Salzsäure, sowie durch mikrochemischen Nachweis von Blei und Antimon sicherstellen zu wollen, wie *Tornquist* es tat, möchte ich wohl als wenig kritisch bezeichnen. Argentit und Bleiglanz müßten ohneweiters erkannt werden.

Nun liegen diese Untersuchungen fast 20 Jahre zurück; die Apparatur *Tornquists* war zu seiner Zeit wohl modern, kann aber mit den neuen Leitz-Opakilluminators unter Berücksichtigung der unbedingt erforderlichen spannungsfreien schwachen Optik [1] und starker Beleuchtung nicht verglichen werden.

---

[1] Ich möchte hier nicht versäumen, darauf hinzuweisen, daß das Objektiv durch Drehen in der Fassung während der Beobachtung eines Bleiglanzschliffes bei mög-

Zur vorwiegend in Amerika geübten Erzbestimmung mit Hilfe der Ätzung möchte ich daran erinnern, daß sie wohl nur teilweise befriedigt, gerade aber zur Unterscheidung innerhalb gewisser Gruppen, wie z. B. Blei-Antimon-Sulfosalze, weniger geeignet ist.

Schließlich ist der mikrochemische Nachweis von Antimon mit Kaliumjodid und Cäsiumchlorid nicht eindeutig, auch nicht in der Ausführung ohne Kaliumjodid, die *Short* (5) empfiehlt, weil Antimon wie Wismut die messerklingenähnlichen Kristalle bildet. Antimon neben Wismut zu bestimmen, ist auf diese Weise nicht möglich. Eher gelingt der Nachweis von Wismut in Anwesenheit von Antimon, wenn man wie folgt verfährt. Nach dem Lösen der Mineralsplitter in Salpetersäure auf dem Objektträger nimmt man mit verdünnter Schwefelsäure auf, filtriert, indem man den Tropfen gegen ein winkelig geschnittenes Filtrierpapier laufen läßt und das Filtrat mit einem Glasstab nach unten, auf den noch reinen Teil des Trägers zieht. Ein Tropfen Wasser erzeugt meist schon eine Trübung bzw. den üblichen Niederschlag von Wismut- und/oder Antimonhydroxyd. Mit einem weiteren Filtrierwinkel zieht man die Flüssigkeit ab und prüft den Rückstand mit frischer Stannitlösung auf Wismut (Schwarzfärbung).

Eine Revision der mineralogischen Beschreibung an Hand der *Tornquist*schen Stufen war mir zwar nicht möglich, doch paßt die gegebene Beschreibung der Stufen und Anschliffe (Abbildungen) weitgehend auf meine Erze, so daß ich zweifellos analoges Material untersuchte.

Bei allen Proben war das Erz in milchigweißem Quarz eingesprengt. Die Größe der Erzkörner ist immer recht gering, etwa 1 zu 2 mm. Im Bruch erscheint immer mehr Erz, da die Erzlösung auf den feinen Scherflächen und Sprüngen einwanderte und hier auch das Erz abschied. Die kleinen Hohlräume als Schrumpfungsklüfte zu bezeichnen wie es *Tornquist* tat, dürfte nicht den Tatsachen entsprechen. Schon vor der Abscheidung des Erzes bildeten sich winzige Quarzkristalle, deren Querschnitte oft im Erz beobachtet werden können. Ebenso ist der schon bei *Tornquist* erwähnte Chlorit charakteristisch.

Als erstes Erz dieser Phase, die im negativen Sinn durch die Abwesenheit von Arsenkies, Pyrit, Kobalt-Nickelerze und Magnetkies gekennzeichnet werden kann, wurde Gold abgeschieden. Ein Grund

---

lichst genau gekreuzten Nicols, wenn es überhaupt verwendbar sein soll, in eine Stellung gebracht werden muß, in der optimale Dunkelheit mit bräunlichem Farbton herrscht. Ist dies erreicht, so wird man auch beim empfindlichen Nickelin scharfe Dunkelstellungen und die richtigen Farben in der 45°-Stellung erhalten.

hiefür ist wohl der, daß sich das Gold gerne randlich und in den haarfeinen Rissen, welche bisweilen von einem ehemaligen Hohlraum ausgingen, in Körnern und Blechen absetzte. Gegen das Innere zu erscheint das Gold in kleinen und kleinsten Körnchen im Blei-Wismuterz aufgelöst. Ein auffallend heller Farbton des Goldes ist durchaus nicht zu beobachten gewesen.

Als häufiger Begleiter des Goldes, besonders dann, wenn es reichlich auftritt, ist der Tetradymit zu nennen. Wie schon eingangs erwähnt, habe ich schon früher im Erz mit Hilfe der Rotfärbung in konzentrierter Schwefelsäure das Tellur nachgewiesen. Die Kristallplättchen sind allerdings so innig mit den anderen Erzen verwachsen, und meist so fein, daß von einer Wismutbestimmung im reinen ausgesuchten Erz Abstand genommen wurde. Die erzmikroskopischen Eigenschaften sprechen im Verein mit den Debyeaufnahmen eindeutig für Tetradymit, wie später gezeigt werden wird. Dieser läßt sich im allgemeinen gut anschleifen, die Oberfläche bleibt aber gerne etwas matt und ist kratzerempfindlich. Er stimmt darin völlig mit dem Tetradymit im Tellurobismutit-Tetradymit-Erz, welches *O. Ödman* (6) in seiner Bolidenschrift auf Tafel 40, Fig. b abbildet, überein. Die Form der Kristalle ist oft plättchenförmig, an Glimmerquerschnitte erinnernd. Auch dickere Körner sind zu beobachten. Vielfach ist eine Tendenz zur Ausbildung idiomorpher Kristalle merkbar. Zwillingsbildung war nur vereinzelt festzustellen. Das Reflexionsvermögen ist wesentlich größer als bei Bleiglanz, die Farbe ist deutlich creme. Im Gemenge mit Gold einerseits und den grauen Erzen ist die Farbe anfangs schwer anzusprechen, um so mehr als Gold gerne im Tetradymit auftritt. Frische, gute Anschliffe sind erforderlich, da man sonst den Tetradymit leicht für Wismut halten könnte, eine Verwechslung, die bisweilen vielleicht unterlaufen ist. Im Glaserz konnte ich bisher jedenfalls noch kein gediegen Wismut beobachten. Eine gewisse Abweichung von der Beschreibung, die *P. Ramdohr* (7) im neuen Buch gibt, ist die, daß bei Tetradymit die bräunlichen Töne bei + Nicols nicht sonderlich auffällig waren.

Einige Skizzen mögen die Verwachsung mit Gold veranschaulichen.

In Abb. 1a ist ein Tetradymitplättchen im Querschnitt dargestellt, welches fast allseitig von dicken Goldkörnern umgeben wird. Selbst im Tetradymit ist gelegentlich Gold parallel 0001 eingelagert. In 1b ist ein Zwilling getroffen, bei dem ein Goldeinschluß über die Spur der Zwillingsebene (Z) hinweg ins andere Individuum reicht. Also wohl ein Hinweis, daß das Gold zumindest gleichzeitig mit Tetradymit abgeschieden wurde. An anderen Stellen desselben Schliffes sah man wieder ein Bild, wie die Abb. 2 es darstellt.

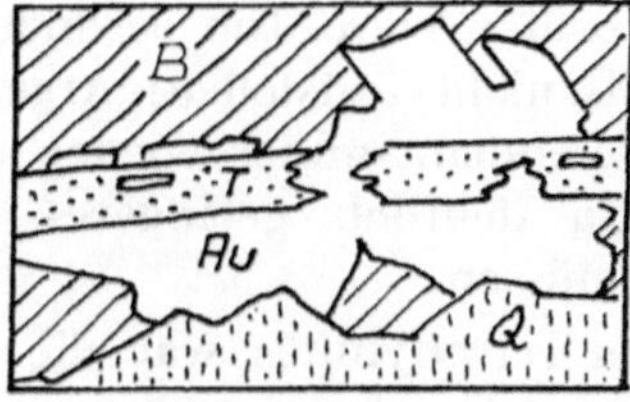
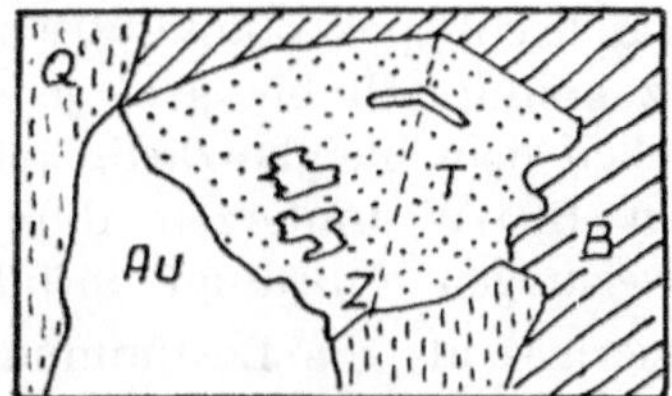

Abb. 1a.   Abb. 1b.
Au = Gold, T = Tetradymit, B = Cosalit-Bleiglanz, Q = Quarz.
Anschliffskizze. Vergr. etwa 100 mal.

Es hat hier den Anschein, als ob Bleiglanz und Tetradymit kavernös in das Gold eindringen würden. Der Bleiglanz schließt hier keine Goldkörnchen ein, hingegen finden sich im Tetradymit Reste von Gold, welche ganz den gestrickten Formen, wie sie vom Silberglanz aus Joachimsthal bekannt sind, ähnlich sind. Diese Goldkörnchen würde ich im Gegensatz zu den parallel 0001 im Tetradymit eingelagerten Goldteilchen wohl eher als Verdrängungsreste ansehen. Man wird aber trotzdem nicht fehlgehen, wenn man Gold und Tetradymit als im wesentlichen gleichzeitig gebildet betrachtet; daran schließt sich die Kristallisation der Blei-Wismuterze.

Daß besonders der Bleiglanz fingerförmig das Gold verdrängt, zeigt die Skizze in Abb. 3.

Während O. Friedrich in Schellgaden neben Tellur den Altait erstmalig in alpinen Lagerstätten fand, den P. Ramdohr

Abb. 2. Au = Gold, T = Tetradymit, P = Bleiglanz, C = Speiskobalt (?), Q = Quarz. Anschliffskizze. Vergr. etwa 100 mal.

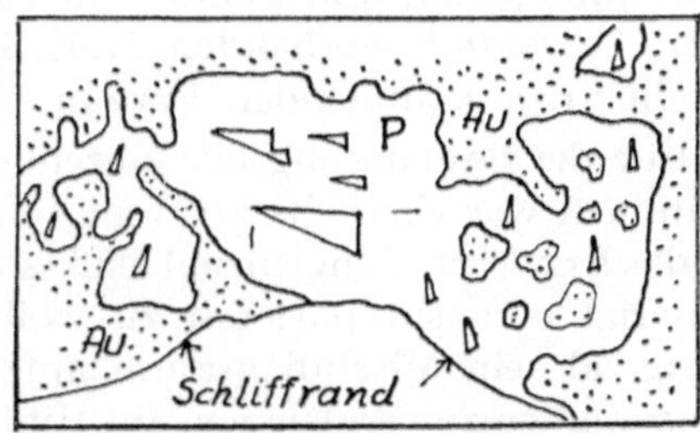

Abb. 3. Au = Gold, P = Bleiglanz. Anschliffskizze. Vergr. etwa 100 mal.

im neuen Buch bereits anführt, handelt es sich beim Glaserz vom Radhausberg stets um Bleiglanz. Altait wäre, falls vorhanden, nicht zu übersehen gewesen. Gediegen Tellur fehlt ebenso. Dies ist nach der Paragenese durchaus zu erwarten.

Eine Frage bleibt, wo sich das spektralanalytisch durch *Schroll* festgestellte, ja längst bekannte Silber verbirgt; ich nehme an, daß es zum größeren Teil im Gold, zum kleineren im Bleiglanz zu suchen wäre, was leicht spektralanalytisch zu prüfen wäre. Ein besonderes Silbererz konnte ich bis jetzt jedenfalls nicht feststellen; Argentit hätte neben dem bleiglanzartig reflektierenden, immer wieder auftretenden Blei-Wismuterzen durch sein deutlich geringeres Reflexionsvermögen unbedingt auffallen müssen.

Schwieriger als die Bestimmung des Tetradymites war die der Blei-Wismuterze, um so mehr als nach den Ergebnissen *Tornquists* mit der Anwesenheit von Boulangerit, nach der Ansicht *H. Michels* von Jamesonit zu rechnen war. Tatsächlich sehen die für Boulangerit gehaltenen Cosalite vom Radhausberg den gefingerten, mit Bleiglanz innig verwachsenen Boulangeriten (früher Falkmanit), die *O. Ödman,* l. c. Pl. 27, Fig. a, abbildet, weitgehend ähnlich, so daß ich selbst lange Zeit im unklaren war.

Erst in letzter Zeit gelang es, eine Stufe zu finden, welche in mehreren Anschliffen keinen Tetradymit zeigte, sondern nur in feiner Einsprengung von etwa 1 mm^2 Querschnitt allein das boulangeritähnliche Erz in Verwachsung mit wenig Bleiglanz. Das Erz wurde aus dem Quarz herausgelöst und in der üblichen Weise qualitativ Blei, Kupfer (vom Kupferkies) und Wismut bestimmt. Antimon war eindeutig abwesend. Das Ergebnis dieser Bestimmung zerstreute nun die Bedenken, die ich auf Grund der Ergebnisse *Tornquists* und *Michels* begreiflicherweise noch immer an der spektralanalytischen Untersuchung *Schrolls* hegte. Seine Bestimmung ergab Blei, Wismut, Silber, Gold und Tellur [1]. Letzteres nur in jener Probe, in welcher Tetradymit vorhanden war. Somit verringerte sich die Zahl der in Frage kommenden Erze in erfreulicher Weise.

Für die Bestimmung der einzelnen Erze mit Hilfe von Debyediagrammen war einerseits zu wenig Material vorhanden, zum anderen ist das Erz derart feingemengt, daß es aussichtslos gewesen wäre, reines Material herauspräparieren zu wollen; somit blieb nichts anderes übrig, als ein Mischdiagramm aufzunehmen und dieses mit Reindiagrammen zu vergleichen. Im Hinblick auf die niedrige Symmetrie von Tetradymit und besonders Cosalit war zu erwarten, daß der Bleiglanz im Diagramm vorherrschen würde. Tatsächlich ist das Mischdiagramm recht dürftig, aber immerhin genügen die Linien, um sie als die stärksten Interferenzen von Tetradymit, Cosalit und natürlich Bleiglanz zu identifizieren. Als Vergleichsaufnahme für

---

[1] Nach einer brieflichen Mitteilung. Vergleiche auch eine Arbeit von *E. Schroll* über die Spurenvergesellschaftung ostalpiner Bleiglanze (Akad. Anz. Wien 1951).

Tetradymit diente eine eines Tetradymites von Cziklowa. Daß es sich tatsächlich um Tetradymit handelte, konnte durch Vergleich mit den von *R. W. Thompson* (8) angeführten d-Werten sowie durch einfachen Vergleich beider Diagramme kontrolliert werden. Als Vergleichsaufnahme für Cosalit wurde eine des Cosalites von Careboo bei Barkervill, Britisch-Columbien, angefertigt. Dieser Cosalit wurde von *H. V. Warren* (9) beschrieben und analysiert.

In der untenstehenden Tabelle sind die gemessenen d-Werte in Millimeter angeführt. Auf Intensitätsangaben wurde wegen der recht gleichmäßig sehr schwachen Linien verzichtet. Wismutglanz wäre, falls vorhanden, wegen der Koinzidenz seiner starken Linien mit den Linien der anderen Komponenten im vorliegenden Mischdiagramm nicht zu erkennen. In der Erzprobe, welche für das Mischdiagramm verwendet wurde, war Wismutglanz jedoch nicht zu beobachten. Schließlich wurde zur Sicherheit eine Debyeaufnahme eines Boulangerites von Boliden hergestellt. Völlig bleiglanzfrei war die Probe offenbar nicht, wie besonders die höheren d-Werte im Vergleich mit den analogen des Bleiglanzdiagrammes zeigen.

Tabelle der d-Werte in Millimetern. Kameraradius = 28·7 mm.

Bleiglanz	Gemenge	Cosalit	Tetradymit	Boulangerit
26·7	26·4	26		24·4
	29		29·2	
30·9	30·7	30·9		30·2
		32·1		
				38·6
	39·4		39·3	
		41	42	
43·7	43·1	42·7	43·1	43·3
	45	45		
	47	47	47	47·5
	48·4	48·3		
		51		49
51·7	51·8		52	51·2
		53		52·2
54	54			
	56		56	
	57·3		57·5	
			59·2	
63	63			
	65·1	64·1	64·7	
	68·4	67·9		66·3
69·4	70			
71·8	71·8			71·1
	73·1		73	
	75·7		75·6	
79 5	79·8		79	79·3

Aus den Werten für Bleiglanz und denen des Gemenges ist ohneweiters zu ersehen, daß sämtliche Bleiglanzinterferenzen im Gemenge wieder gefunden werden können. Wie sich auf Grund späterer Aufnahmen herausstellte, muß dieses Mischpulver zufällig sehr wenig Bleiglanz enthalten haben, denn sonst wären die anderen Komponenten, besonders der Cosalit, überhaupt nicht herausgekommen. Zieht man Debyeaufnahmen zur Identifizierung solcher Erzgemenge heran, so ist auf die eben erwähnten Erscheinungen zu achten, andernfalls kann man leicht zu falschen Ergebnissen kommen. So wurde das Glaserz von anderer Seite röntgenographisch

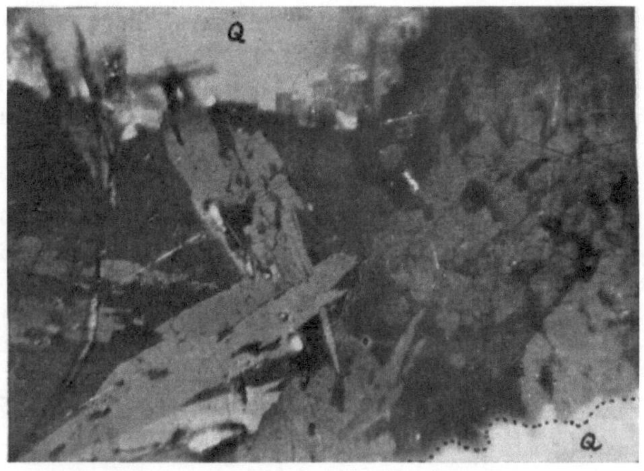

Abb. 4. Cosalit in hellen, leistenförmigen Längs- und unregelmäßigen dunkleren Querschnitten. Bleiglanz ist ganz dunkel. Q = Quarz. + N. Vergr. etwa 100 mal.

aufgenommen und für Bleiglanz gehalten. Man darf sich in solchen Fällen natürlich nie auf die Diagramme allein verlassen.

Zur Identifizierung des Cosalites würden die Linien: 45 und 48·3 ausreichen, ebenso wie für den Tetradymit die bei 29·2, 39·3, 56, 64·7, 73 und 75·6. Da durch eng nebeneinander liegende Linien zweier oder mehrerer Minerale die Linien verbreitert erscheinen können, so wurde immer der Schwerpunkt der Schwärzung gemessen, der, wie z. B. bei den Linien 26·7, 26·4 und 26, in charakteristischer Weise verlagert wird. Ein ähnlicher Fall liegt bei 43·1 mm vor. Hiedurch ist immerhin der Einfluß der Cosalit- bzw. Tetradymitbeimengungen feststellbar, der dann im Verein mit den charakteristischen Linien einen sicheren Schluß auf die Anwesenheit beider Minerale zuläßt.

Boulangerit kommt allein schon wegen des Fehlens einer wenigstens schwachen Linie bei 24·4 im Gemenge nicht mehr in Frage. Die nur ungefähre Übereinstimmung einiger anderer Linien spricht ebenso für seine Abwesenheit bzw. für die Anwesenheit kleiner Mengen Bleiglanz, der bekanntlich innig mit Boulangerit verwachsen ist.

Nach alldem erschien die Vermutung, daß es sich um Cosalit handle, im wesentlichen bestätigt.

Bei der mich aber doch noch nicht restlos befriedigenden röntgenographischen Prüfung, ferner der auch noch im neuen Buch *Ramdohrs* noch nicht völlig ausreichenden erzmikroskopischen Charakterisierung des Cosalits und der eventuell noch, wenn auch in geringerer Menge in Frage kommenden Erze, wie besonders Lillianit und Galenobismutit, fiel mir ein sicheres Erkennen des Cosalites anfangs recht schwer. Ich ging daher von jenem Erz aus, welches am einheitlichsten war. Dieses war frei von Tetradymit und enthielt neben wenigem, ohneweiters erkennbaren Kupferkies, schon unter dem Binokular erkennbar, ein strahligfaseriges, lichtbleigraues Erz. Die Abb. 4 zeigt den Anschliff bei + Nicols.

Das Reflexvermögen des Cosalites ist durchaus dem des Bleiglanzes ähnlich, die Farbe ist nicht eigentlich creme, sondern zeigt eher einen Stich ins Grünliche; dies um so mehr, als der damit fein fingerartig verzahnte Bleiglanz eher rosagrau erscheint. Gegen den in anderen Schliffen vorkommenden, deutlich creme gefärbten Tetradymiten, ist der Cosalit keineswegs creme, sondern vielmehr blaugrau. Auch die Anwesenheit von Gold stört anfangs das richtige Erkennen der Farbe. Die Härte ist stets geringer, als die des Bleiglanzes. Reflexionspleochroismus war hier in manchen Schnittlagen in Öl, wenn auch sehr schwach, so doch sicher zu erkennen. Trotz der sonst durchaus gleichen Eigenschaften bestehen nun Unterschiede im Anisotropieeffekt. Dieser ist im Gegensatz zu der Angabe *Ramdohrs* auch ohne Öl bei exakt gekreuzten Nicols stets deutlich zu sehen. Die Auslöschung ist gerade. In Übereinstimmung mit der Beschreibung, die *O. Ödman* in der Bolidenarbeit für den Selenocosalit gibt, sind die Farben in der Hellstellung gelbgrau/rötlichgrau. Nun scheint die Stärke des Anisotropieeffektes des Cosalites von der Schnittlage sehr abhängig zu sein. Es kommen tatsächlich Schnitte mit nur sehr geringer Aufhellung vor. Die eben erwähnten Farben und Erscheinungen habe ich auch am Cosalit von Careboo beobachten können, während für Galenobismutit ausdrücklich das Fehlen einer farbigen Anisotropie hervorgehoben wird. Somit kann im Erz vom Radhausberg der Cosalit als gesichert angesehen werden. Die Abb. 4 ist mit der, die *Ödman*, l. c., von Galenobismutit veröffentlichte durchaus vergleichbar. Der Cosalit von Bärnbad im Hollersbachtal, der hier allerdings Wismut und Wismutglanz annähernd parallel der Längsrichtung eingelagert hat, zeigt dieselben optischen Eigenschaften. Einige für sich allein in Quarz eingewachsene, bis fast einen Zentimeter lange Nadeln eines Cosalits (?) von Bärnbad zeigen wieder nicht die farbige Anisotropie und scheinen im Vergleich mit dem Lillianit von Illijärvi (Finnland), diesem näher zu stehen.

Ein sehr charakteristisches Bild des komplexen Glaserzes (mit Gold und Tetradymit) zeigt Abb. 5.

In optimaler Hellstellung sind drei Bereiche verschieden starker Anisotropie unterscheidbar. Die Schnittebene ist für alle drei Komponenten dieselbe, weil sie auch einwandfrei gleichzeitig (gerade) auslöschen. Die Grenzen der Komponenten gehen nicht etwa nur durch den Bleiglanz, sondern auch durch die Myrmekitkörperchen, wie die kleine Skizze Abb. 5 b zeigt. Diese soll jene Stelle in der Photographie verdeutlichen, auf die der kleine Pfeil weist. Quer durch die bei-

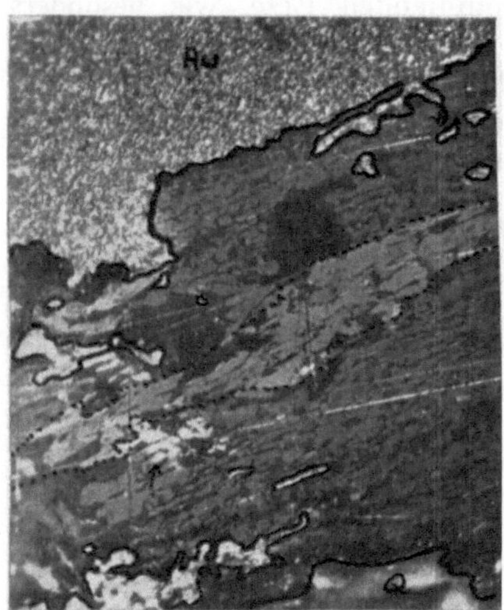

Abb. 5 b. Detail aus Abb. 5 a.

Abb. 5 a. Cosalit und Galenobismutit in myrmekitischer Verwachsung mit Bleiglanz (ganz dunkel). Der Pfeil weist auf Galenobismutit. Strichliert umrandet ist eine hellere Cosalitkomponente. Au = Gold, Q = Quarz. + N. Vergr. etwa 100 mal.

den Myrmekitquerschnitte verläuft die Grenze der hellsten und dunkelsten, also der vorherrschenden Komponente. Diese ist Cosalit. Die oberen Teile der beiden Myrmekitteilchen entsprechen in ihrer relativ starken, aber nicht farbigen Anisotropie dem Galenobismutit. Somit, und dies scheint mir zur Zeit die ungezwungenste Erklärung, haben wir neben Cosalit als Hauptkomponente mit schwächster Anisotropie und feinsten Querschnitten eine, auch sonst in den Schliffen gar nicht so seltene zweite Komponente, welche durch lebhaftere, rötlichgraue bzw. lederbraune Anisotropiefarben und meist gröberen Stengelquerschnitten gekennzeichnet ist. Als dritte seltene Komponente wäre die stark anisotrope, dem Galenobismutit entsprechende anzusehen. Alle drei Komponenten müßten, nachdem nichts auf eine Zwillingsbildung hin-

weist, parallel orientiert bzw. noch vor dem Eindringen des Bleiglanzes achsenparallel verwachsen gewesen sein. An anderer Stelle
im selben Schliff, Abb. 6, war grober Cosalit mit der hellsten Komponente ebenfalls parallel verwachsen; wieder war die Auslöschung
völlig gleichzeitig. Diesmal konnte bei der hellen Komponente auch
ohne Öl ein deutlicher Reflexionspleochroismus erkannt werden.
Somit erscheint auch der Galenobismutit nach Möglichkeit gesichert.
Was die mittlere, in ihrer Anisotropie wohl eher dem Cosalit nahe-
stehende Komponente, welche in manchen Schliffen vorherrscht,

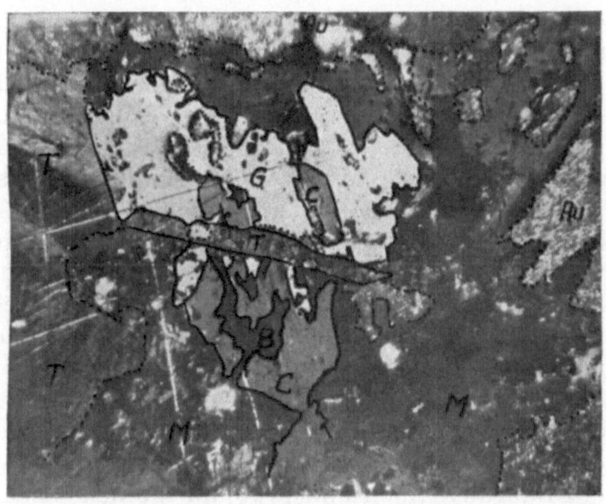

Abb. 6.   Cosalit (C) und Galenobismutit (G) parallel verwachsen. Der Cosalit ist von Bleiglanz (B)
durchwachsen. Au = Gold, T = Tetradymit, M = Gemenge von Cosalit, Bleiglanz und feinsten
Goldkörnchen, welche in der Abbildung nicht deutlich auseinander gehalten werden können. Die
Helligkeit des Galenobismutites kommt im Photo wesentlich stärker heraus. + N. Vergr. etwa 120 mal.

tatsächlich ist, kann vorläufig noch nicht gesagt werden. Eine
Debyeaufnahme zeigte trotz verdoppelter Expositionszeit neben den
Linien des Bleiglanzes nur zwei äußerst schwache Linien, welche
wohl für Cosalit passen würden. Ich möchte aber trotzdem ver-
muten, daß es sich nur um Cosalit, vielleicht etwas abweichender
chemischer Zusammensetzung handelt.

Es ist hier nicht beabsichtigt, auf die eigenartige myrmekitähn-
liche Struktur näher einzugehen. Die pseudoeutektische Struktur
Bleiglanz-Cosalit, welche *A. L. Anderson* (10) abbildet, entspricht
nicht der von Abb. 5. Viel mehr Ähnlichkeit besteht mit der Abb. 5
im neuen Buch *Ramdohrs*, welche er dort als wahrscheinliche Zerfallsstruktur eines Komplexerzes deutet. Ich möchte mich dieser
Deutung in bezug auf das Glaserz aber nicht anschließen. In ein

und demselben Schliff ist nämlich fast reiner Bleiglanz und anderseits wieder fast reiner Cosalit neben dem myrmekitähnlichen Gemenge zu sehen. In Abb. 4 sieht man übrigens deutlich, wie die Spieße von Cosalit allein in den Quarz hineinragen, während im Falle einer echten Zerfallsstruktur das Cosalit-Bleiglanzgemenge eine gemeinsame Grenze erkennen lassen müßte. Ich halte den Bleiglanz für die jüngste Bildung dieser Phase. Er verdrängt nicht nur das Gold, wie Abb. 3 deutlich zeigt, sondern dürfte, besonders gerne längs der Fasern des Cosalites eindringend, diesen z. T. auflösend, die myrmekitische Struktur hervorgebracht haben.

Die Abscheidungsfolge im Glaserz vom Radhausberg wäre nach den bisherigen Beobachtungen folgende. Auf feinen Spalten und Klüften wuchsen neben sparsamen Chlorit außerordentlich kleine, unter dem Binokular aber deutlich erkennbare Bergkristalle. Dann folgte das Gold im wesentlichen gleichzeitig mit Tetradymit. Etwas jünger, aber auch noch im Zuge der Quarzbildung, kristallisierten die Blei-Wismuterze, unter denen der Cosalit vorherrscht. In relativ geringer Menge scheint lokal Kupferkies mit Cosalit aufzutreten. Nur in einem Schliff konnten neben Kupferkies, aber in Bleiglanz eingeschlossen, Verdrängungsreste von Wismutglanz beobachtet werden. Den Abschluß bildete nach Abscheidung des gesamten Tellur und Wismut der Bleiglanz, welcher, wie immer wieder festgestellt werden konnte, alle anderen Erze verdrängt.

Der seit alters her bekannte hohe Edelmetallgehalt des Glaserzes findet in der erstmaligen Feststellung des Tetradymites in jenem seine Erklärung. Auch anderswo auf alpinen Golderzgängen wird man sehr wahrscheinlich den Tetradymit und Cosalit erwarten können, wie der Fund im Hollersbachtale wohl schon andeutet. Das Tellur ist im Verein mit dem Wismut der wichtigste Edelmetallbringer. Eine Beobachtung, die vielerorts in der Welt gemacht wurde. Wismut allein scheint mir weniger wirksam zu sein. Die Glaserze ohne Tetradymit sind wesentlich ärmer an Gold.

Die bezeichnenden Sätze *C. F. Folmans* und *J. W. Ambrose* (11) haben also auch für das Glaserz vom Radhausberg im besonderen, für den dortigen Erzbezirk im allgemeinen, Geltung. Sie lauten: „Rich gold and silverbearing ores are mostly more complex, mineralogically, structurally and texturally, than average grade ores or lean ores from the same deposit. They commonly contain a number of rare minerals, not found in the body of the ore deposit, and the interrelation of the minerals furnishes a more complete record of the processes of mineralisation, especially of the final stage during which the introduction of the larger portion of the precious metals takes place, than do the average or low grade ores.“

Literatur.

1. *Canaval, R.,* Car. II, Nr. 1, 1897. — 2. *Pošepny, F.,* Archiv für prakt. Geol. I. Bd., Wien, 1880. — 3. *Michel, H.,* Tsch. Mittl. Bd. 38, 1925. — 4. *Tornquist, A.,* Sitzb. Akad. Wiss. Wien. Math.-nat. Kl., Abt. I, 142. Bd. 1933. — 5. *Short, M. N.,* Microscopic determination of the ore minerals. Geol. Survey Bull. 825 1931. — 6. *Ödman, O. H.,* Sveriges Geol. Unders. Arsbok 35, 1941. — 7. *Ramdohr, P.,* Die Erzmineralien . . . Berlin, 1950. — 8. *Thompson, R. W.,* Am. Min. Vol. 34, 1949. — 9. *Warren, H. V.,* Econ. Geol. Vol. XXXI, 1936. — 10. *Anderson, A. L.,* Econ. Geol. 29, 1934. — 11. *Folman, C. F.,* and *J. W. Ambrose,* Econ. Geol. Vol. XXIX, 1929.